2017年世界炼油技术新进展

——AFPM年会译文集

蔺爱国 主编

石油工业出版社

内 容 提 要

本书对当前世界经济与能源发展新形势、炼化行业发展新动向、炼油技术新进展与新趋势等问题进行了深入分析与研判，尤其是对中国炼化行业面临的形势和炼化转型升级这一重要命题进行了深入思考，提出了相关战略性对策建议。同时，精选翻译了2017年AFPM年会发布的部分相关论文，内容涵盖炼油工业宏观问题、重油加工、催化裂化、清洁油品及替代能源等方面，准确反映了2016—2017年世界炼油行业主要领域的最新技术进展与发展态势。

本书可供国内油气开发利用、石油炼制、石油化工等行业科研人员、技术人员、管理人员以及相关高等院校师生参考使用。

图书在版编目（CIP）数据

2017年世界炼油技术新进展：AFPM年会译文集/蔺爱国主编. —北京：石油工业出版社，2018.6
ISBN 978-7-5183-2675-4

Ⅰ.①2… Ⅱ.①蔺… Ⅲ.①石油炼制-文集 Ⅳ.①TE62-53

中国版本图书馆CIP数据核字（2018）第110927号

出版发行：石油工业出版社
（北京安定门外安华里2区1号楼　100011）
网　址：www.petropub.com
编辑部：（010）64523738　图书营销中心：（010）64523633
经　销：全国新华书店
印　刷：北京中石油彩色印刷有限责任公司

2018年6月第1版　2018年6月第1次印刷
787×1092毫米　开本：1/16　印张：12.5
字数：230千字

定价：120.00元
（如出现印装质量问题，我社图书营销中心负责调换）
版权所有，翻印必究

《2017年世界炼油技术新进展——AFPM年会译文集》

编 译 人 员

主　　编：蔺爱国

副 主 编：何盛宝　杜吉洲

参加编译：李雪静　黄格省　杨延翔　张兰波
　　　　　朱庆云　任文坡　乔　明　郑丽君
　　　　　王红秋　于建宁　钱锦华　王建明
　　　　　曲静波　魏寿祥　张　博　李顶杰
　　　　　任　静　丁文娟　师晓玉　宋倩倩
　　　　　王春娇　王景政　杨　英　武爱军
　　　　　李　琰　马艳萍　张子鹏　卢　红
　　　　　金羽豪

前　言

美国燃料与石化生产商协会（American Fuel & Petrochemical Manufacturers，AFPM）年会，是全球炼油行业最具影响力的专业技术交流会议之一，多年来受到全世界炼油行业普遍关注。截至2017年3月，AFPM年会已举办115届。该年会发布的论文报告集中反映了世界炼油行业各主要技术领域发展的最新动态、重点、热点和难点，对于中国炼油与石化工业的技术进步和行业发展具有较高的参考价值。

第115届AFPM年会于2017年3月19—21日在美国得克萨斯州圣安东尼奥市召开。来自全球30多个国家的100余家石油石化公司、技术开发商、工程设计单位的1200多名代表参加了会议。本届AFPM年会的召开正处于国际石油供给宽松、需求持续减弱、原油价格持续低位震荡、炼油行业竞争持续加剧的复杂时期，全球炼油业和石化行业发展面临诸多新特点、新挑战。为掌握本届年会发布的重要技术进展，了解世界炼油行业新技术、新动向，学习国外先进、适用的技术和经验，促进中国炼油技术进步与行业发展，中国石油科技管理部、石油化工研究院共同组织了2017年AFPM年会部分论文的翻译出版工作；同时，对本届年会的内容进行归纳提炼，撰写了《经济能源新形势下国内外炼化行业发展新动向》和《炼油技术新进展》两篇述评文章，全面总结了本届年会的重要技术进展和当前世界炼油行业的最新发展态势，并对中国炼油行业的发展提出了战略性建议。

本书收录的AFPM年会论文的译文，均获得论文原作者授权。希望本书的出版能够对中国炼油及石化行业技术人员、管理人员开展日常工作有所裨益。

由于编者水平有限，书中难免存在不足之处，欢迎批评指正。

编者
2018年2月

目　录

年会综述

经济能源新形势下国内外炼化行业发展新动向 …………………………………（3）
炼油技术新进展 ……………………………………………………………………（42）

炼油工业宏观问题

美国炼油商能否夺得全球船用燃料油市场桂冠（AM-17-02）………………（65）

重油加工

Eni 公司悬浮床技术：实现塔底油价值最大化（AM-17-16）………………（75）
加拿大油砂沥青和沸腾床加氢裂化中间产物炼制方案（AM-17-69）………（84）

催化裂化

炼厂通过可控的催化剂卸料来改进催化裂化装置的操作（AM-17-45）…（103）
计算颗粒流体动力学模拟技术提高催化裂化经济性（AM-17-77）………（114）

清洁油品

催化裂化装置最大化生产轻循环油（AM-17-76）…………………………（129）
较低成本下石脑油和甲醇生产高辛烷值汽油的新工艺（AM-17-80）……（143）

替 代 能 源

全球低碳燃料和汽车的发展现状及预测（AM-17-81） ……………………（159）

附　　录

附录1　英文目录……………………………………………………………（187）
附录2　计量单位换算………………………………………………………（188）

年会综述

经济能源新形势下国内外炼化行业发展新动向

蔺爱国　李雪静

在世界经济复苏乏力、能源结构加快转变的新形势下，全球炼化行业的发展呈现出石油供需基本面宽松、原油价格或将长期低位运行、炼化格局继续调整、产业集中度进一步提高、炼化装置开工率上升、产品质量升级加快等特点。党的十九大明确提出中国经济已由高速增长阶段转向高质量发展阶段，社会主要矛盾已转化为人民日益增长的美好生活需要和不平衡不充分发展之间的矛盾。在中国经济加快转型、社会主要矛盾发生变化的新形势下，作为国民经济支柱产业的炼化工业加快提质增效、转型升级是大势所趋。本文从全球视野、战略角度分析研判国内外宏观经济与能源形势、炼化行业发展动向、中国炼化行业发展面临的机遇挑战，研究思考中国炼化工业转型升级对策，以期为中国炼化产业转型升级发展提供决策参考。

1 国内外经济形势与能源结构发生深刻变化

1.1 世界经济低速运行，复苏缓慢

近年来，地缘政治不稳定、贸易保护主义抬头及消费需求疲软等因素使得全球经济复苏缓慢。2016年，全球经济仍在低位运行，增长乏力。据国际货币基金组织（IMF）2017年10月发布的《世界经济展望（更新）》中统计的GDP增长情况[1]：2016年世界经济增长率为3.2%，较2015年的3.4%下降0.2个百分点；发达经济体的经济增速从2015年的2.1%降至2016年的1.7%，其中美国经济增长由2015年的2.6%降至2016年的1.5%，欧元区从2.0%降至1.8%，英国经受住了"脱欧"冲击，全年仅下降0.4个百分点；新兴市场和发展中经济体的增速为4.3%，与2015年持平，其中中国经济保持强劲增长，2016年为6.7%（2015年为6.9%），印度经济增速从2015年的8.0%降至7.1%，俄罗斯、巴西等石油资源国经济发展出现倒退，陷入低谷，GDP增速分别为-0.2%和-3.6%。

近期全球经济活动加快，投资、制造业和贸易出现了周期性复苏。尽管短期内出现了积极走势，但经济复苏依然面临着结构性障碍，中期内总体风险仍

偏于下行。IMF 预计 2017 年、2018 年全球 GDP 增速分别为 3.6% 和 3.7%，其中发达经济体 2017 年和 2018 年的增速分别为 2.2% 和 2.0%，新兴市场和发展中经济体的增速分别为 4.6% 和 4.9%，态势向好。

1.2　中国引领世界经济增长，由高速增长转向高质量发展

中国经济建设取得重大成就，经济保持中高速增长，在世界主要国家中名列前茅，国内生产总值从 2010 年的 41.303 万亿元增长到 2016 年的 74.4127 万亿元，稳居世界第二，对世界经济增长的贡献率超过 30%。十九大报告指出，当前中国经济已由高速增长阶段转向高质量发展阶段，正处在转变发展方式、优化经济结构、转换增长动力的攻关期，要构建现代化经济体系，坚持质量第一、效益优先，推进经济发展质量变革、效率变革、动力变革。根据国家统计局发布的数据[2,3]，2016 年，尽管面对错综复杂的国内外形势和持续较大的经济下行压力，中国 GDP 增速仍达到 6.7%，国民经济运行呈现总体平稳、稳中有进、稳中向好的发展态势。2017 年前三季度，中国经济运行延续了稳中向好的发展态势，GDP 增速达到 6.9%，总体形势好于预期。IMF 预计中国 2017 年和 2018 年的经济增长率分别为 6.8% 和 6.5%，仍居世界前列。"十三五"期间，尽管仍将面临诸多矛盾叠加、风险隐患增多的严重挑战，但仍处于可以大有作为的重要战略机遇期。根据中国政府发布的"十三五"规划[4]，中国经济在今后一段时期内将保持中高速增长，到 2020 年国内生产总值要比 2010 年翻一番，2016—2020 年的经济年均增长底线要超过 6.5%。

1.3　全球能源消费增速放缓，向低碳清洁化转型

能源是人类社会发展的重要物质基础，其增速变化规律几乎与经济增速变化相一致，近 5 年来，能源消费增速随着经济增速同步趋缓（图 1）。此外，因技术的进步、节能力度的加大，能耗强度逐渐下降，使得能源增速下降步伐明显快于经济增速。当前世界经济逐渐复苏，政治环境错综复杂，全球能源市场正处于长期转型和短期调整期。2016 年，能源市场除了受到长期转型的持续作用力外，还受到石油市场继续针对供应过剩进行调整等短期因素的影响。据英国石油公司（BP）发布的《2017 年 BP 世界能源统计》[5]：2016 年世界能源消费总量达到 13276.3×10^6 t 油当量，比 2015 年增长 1%，大大低于过去 10 年平均增长率 1.9%，更远低于 3.2% 的 2016 年世界经济总量增速。

由表 1 可见，世界能源结构仍然以石油、煤和天然气三大化石能源为主，总比例高达 85.5%，其中石油继续保持第一大能源的地位，占比 33.3%，天然

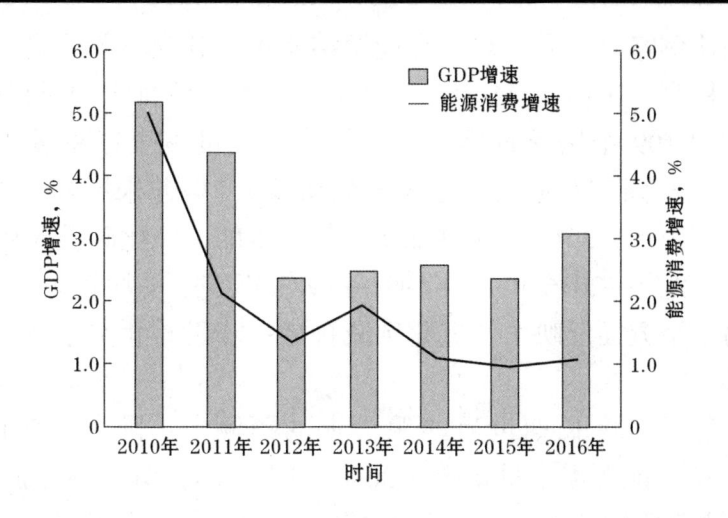

图1 世界GDP与能源消费增速

表1 全球各类型一次能源消费情况

能源类型	消费量，10^6 t 油当量							2016年增长率,%	2016年占比,%
	2010年	2011年	2012年	2013年	2014年	2015年	2016年		
石油	4040.2	4085.1	4138.9	4185.1	4251.6	4341.0	4418.2	1.8	33.3
煤炭	3469.1	3630.3	3723.7	3826.7	3911.2	3784.7	3732.0	-1.4	28.1
天然气	2868.2	2914.7	2986.3	3020.4	3081.5	3146.7	3204.1	1.8	24.1
水电	783.9	795.8	833.6	855.8	884.3	883.2	910.3	3.1	6.9
核电	626.2	600.7	559.9	563.2	575.5	582.7	592.1	1.6	4.5
可再生能源	168.0	204.9	240.8	279.3	316.6	366.7	419.6	14.4	3.2
合计	11955.6	12231.5	12483.2	12730.5	13020.7	13105.0	13276.3	1.3	100.0

气占比24.1%，煤炭占比28.1%；包括风能、太阳能、地热能、生物质能在内的可再生能源尽管增长较快，但占比仅为3.2%。能源结构逐渐优化，石油在

能源结构中的比例略有上升，煤炭在能源结构中的比例逐渐下降，天然气和非化石燃料则在提高。2016年11月4日，控制温室气体排放的《巴黎气候协议》正式生效，获得109个国家批准，温室气体排放量占全球总量的75%，尽管2017年6月1日美国宣布退出《巴黎气候协议》，但并未影响全球各国推进二氧化碳减排。据统计，2016年全球能源消耗产生的二氧化碳排放量仅比2015年增长了0.1%，2014—2016年是自1981—1983年以来平均碳排放增速最低的3年，这也从另一个方面反映了二氧化碳减排进一步助推世界能源结构向低碳能源转换的趋势。

根据BP公司对中长期世界能源需求的预测[6]：随着经济的继续增长，2015—2035年全球能源需求量将增长30%（同期全球GDP翻一番），年均增速为1.3%，能源消费增速进一步下滑（1995—2015年的年均增长率为2.2%），几乎所有增长都来自中国、印度等快速发展的新兴经济体；能源结构将继续转变，向更低碳的能源转型。化石能源仍是主导能源，到2035年，其份额有所降低，但仍保持在77%的高位（2015年为85%）。石油增长进入平台期，年均增长率为0.7%，但占比逐渐下降到29%。天然气是增速最快的化石能源，年均增长率为1.6%，在2035年前将以25%的市场份额超越煤炭成为第二大能源。煤炭增速急剧放缓至年均0.2%（过去20年年均增长率为2.7%），份额降为24%，在2025年左右将达到消费峰值。增长最快的能源是可再生能源，年均增长率为7.1%，其在能源结构中的占比将从2015年的3%升至2035年的10%。核电、水电、可再生能源三者合并占比达到23%，占新增能源量的50%以上。

交通部门对石油的需求仍在增长，石油继续在交通能源中占主导地位。石油消费的增长主要来自交通运输业，占石油增量的近2/3，全球汽车保有量将从2015年的9亿辆翻倍到2035年的18亿辆。到2035年，石油继续在交通能源中占主导地位，占比87%。但随着燃料效率显著提高，电动汽车、无人驾驶及汽车共享等非石油燃料交通出行方式的变革，石油来自交通需求增长的推动力逐渐减弱，增速逐步放缓，而作为非燃料用途的石油化工原料需求的推动力增强，到2030年后将成为石油需求增长的主要来源，电力、生物燃料、煤炭和天然气总量将占2035年交通燃料需求的13%，高于2015年的7%。电动汽车数量将显著上升，将从2015年的120万辆（占全球汽车总量的1.3%）增长到2035年的约1亿辆（约占届时汽车总量的6%），对石油交通能源的替代比重加大。

埃克森美孚公司对未来交通能源结构的预测与BP公司基本一致[7]。预测在2015—2040年石油仍是最主要的交通能源，但其在交通能源中的占比将从2015年的94%降至2040年的89%；生物燃料和天然气在交通能源中的占比将分别从2015年的3%和1%均增至2040年的5%。受燃料经济性不断提高的影响，汽油消费量平稳，因此随着交通燃料消费总量增长，到2040年汽油在交通燃料中的占比将有较大下降，占比达到34%；为满足卡车和船用燃料消费，到2040年柴油消费将在现有基础上增长30%，占比达到37%；航空燃料消费将增长50%，占比达到37%。此外，天然气、生物燃料、电力等消费也有较大增长，但在交通燃料中的占比仍较低。

1.4 中国能源消费以煤为主，消费结构逐渐优化

中国是世界最大的能源消费国，占全球消费总量的22%，占全球消费净增长的60%，但资源禀赋特点是"富煤缺油少气"，能源结构极不合理。2016年底，世界煤炭探明储量约为$1.14×10^{12}$ t，可满足全球153年的生产需求。中国煤炭探明储量为$2440×10^8$ t，排世界第2位，占世界总储量的21.4%。世界石油探明储量约为$2407×10^8$ t，可满足世界50.6年的需求。中国石油探明储量为$35×10^8$ t，居世界第13位，占世界总储量的1.45%。世界天然气探明储量约为$186.6×10^{12}$ m³，可满足全球52.5年的生产需求。中国天然气探明储量为$5.4×10^{12}$ m³，居世界第9位，占世界总储量的2.9%。从全球范围来看，并无资源"耗尽"压力，石油、天然气、煤炭储量丰富，煤炭储采比高达153，与2015年相比有所增长；石油和天然气的储采比也分别达到50.6和52.5，与2015年相比基本不变。而中国的石油、天然气和煤炭的储采比分别为17.5、38.8和72，远低于世界平均水平。能源是国家经济发展的动力之源，保证能源安全是国家战略的重要组成部分。

纵观世界能源结构的历史演变和未来趋势，多元、低碳、高效和清洁是能源开发利用的必然趋势。中国更应顺应国际潮流，加快能源结构转变。2016年，中国能源消费总量达到$43.6×10^8$ t标准煤，比2015年增长1.4%。煤炭消费量下降4.7%，原油消费量增长5.5%，天然气消费量增长8.0%。能源消费结构进一步优化，煤炭占能源消费总量的62.0%，比2015年下降2个百分点；水电、风电、核电、天然气等清洁能源占比19.7%，上升1.7个百分点。能源效率显著提高，全国万元生产总值能耗下降5.0%（图2）。能源消费增长放缓主要是由于消费结构逐渐优化，煤炭比重明显下降，石油消费增长放缓，天然气等清洁能源比重提高。

2017年1月，中国政府发布了《能源发展"十三五"规划》[8]，明确了中国能源发展的指导思想、基本原则、发展目标、政策导向和重点任务，是"十三五"时期中国能源发展的总体蓝图和行动纲领。党的十九大报告中也进一步

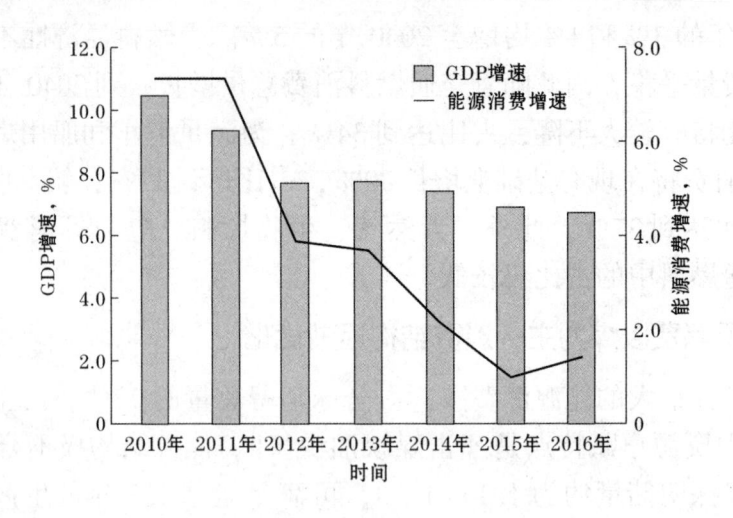

图2 中国GDP与能源消费增速

明确了要"推进能源生产和消费革命,构建清洁低碳、安全高效的现代能源体系"。未来中国能源的消费结构将逐渐优化,实现清洁低碳发展,石油和煤炭在能源结构中的占比逐渐下降,天然气和非化石能源不断提高。到2020年,能源消费总量要控制在$50×10^8$ t标准煤以内,"十三五"期间能源消费总量年均增长2.5%左右,比"十二五"低1.1个百分点,"十三五"期间单位GDP能耗下降15%以上。非化石能源消费比重提高到15%以上,天然气消费比重力争达到10%,煤炭消费比重降低到58%以下。要坚持节约优先的方针,推进相关领域石油消费减量替代,重点提高汽车燃油经济性标准,大力推广新能源汽车,大力推进港口、机场等交通运输"以电代油""以气代油"。中国能源消费结构加快转型,清洁能源(天然气和非化石能源)是2030年前新增能源主体,2030年后逐步替代煤炭,预计2045年前后占比超过50%。中国能源消费的总需求将于2040年前后达到$58×10^8$ t标煤($40.6×10^8$ t标准油)的峰值水平,此后进入平台期。2050年的能源结构将呈煤炭、油气和非化石能源"三分天下"的格局。

2 全球炼化行业发展动向

2.1 石油供需基本面宽松,原油价格或将长期低位运行,利好炼化产业发展

随着世界经济的缓慢复苏,石油需求增长放缓,世界石油市场供需基本面保持宽松。据国际能源机构(IEA)2017年10月12日发布的《石油市场报告》数据统计[9]:2016年全球石油需求量为$9610×10^4$ bbl/d,比2015年增长1.4%;

预计2017年，全球石油需求量将达到9770×10⁴bbl/d，比2016年增长1.6%。从原油供应情况来看，全球原油供应过剩量出现下降，供应宽松局面有一定缓解。2016年原油供应量达到9700×10⁴bbl/d，较2015年增加40×10⁴bbl/d，增长0.4%，供应过剩量下降到90×10⁴bbl/d（2015年供应过剩量170×10⁴bbl/d）。IEA认为[10]，在供给侧，未来几年以美国为代表的非欧佩克国家原油产量将持续上升，全球上游投资将出现温和反弹，但仍未回暖。2022年，全球原油市场供应将会趋紧。在需求侧，未来5年全球原油需求将持续攀升，2019年或将突破1×10⁸bbl/d大关。新增需求中，70%以上将来自亚洲国家。

石油供需基本面的宽松直接反映到原油价格的变化上。自2014年下半年开始，国际油价呈断崖式下跌，Brent原油价格由2014年6月19日的115.19美元/bbl高点一路下跌，曾跌至2016年1月20日的26.01美元/bbl的谷底，降到2002年的水平。2016年，WTI和Brent原油的年均价分别为43.29美元/bbl和43.67美元/bbl，同比相应下降11%和17%。1—3月受2015年市场对油价看低影响，油价一直在30~40美元/bbl徘徊，4—11月受叙利亚内战、美国大选、伊拉克反攻"伊斯兰国"武装冲突等影响，油价升至40~50美元/bbl，进入12月以来因欧佩克和非欧佩克减产协议的达成，国际油价开始涨至50美元/bbl以上。WTI和Brent价差逐渐缩小。

进入2017年，2017年1月1日开始执行减产协议，1—3月初国际油价一直维持在50美元/bbl以上。然而，随着油价的上涨，美国页岩油生产开始恢复，产量增加，加之俄罗斯等国未履行减产协议，全球持续宽松的供给面受到影响，油价开始出现波动，维持在40~50美元/bbl之间。自2017年6月以来，全球油价持续上涨，到10月27日Brent原油现货价格突破60美元/bbl，进入11月以来一直维持在60美元/bbl以上的水平，已高于美国能源信息署（EIA）对2017年和2018年WTI和Brent均价为50美元/bbl的预测。这主要是受欧佩克国家限产的影响。分析认为，这一短期趋势并不足以判断未来油价将呈快速增长态势。全球原油价格的走势存在极大的不确定性，受到地缘政治、经济发展、原油供需、金融市场、石油产品价格等多方面因素影响。据Wood Mackenzie公司预测，2020年Brent均价可达到70美元/bbl，2025年和2030年分别上升到80美元/bbl和100美元/bbl。IHS Markit预测，2020年，WTI和Brent均价分别达到70美元/bbl和75美元/bbl；2021年分别升至80美元/bbl和85美元/bbl。EIA预测，2018年，WTI和Brent均价为50美元/bbl，到2033年有望达到100美元/bbl（图3）。

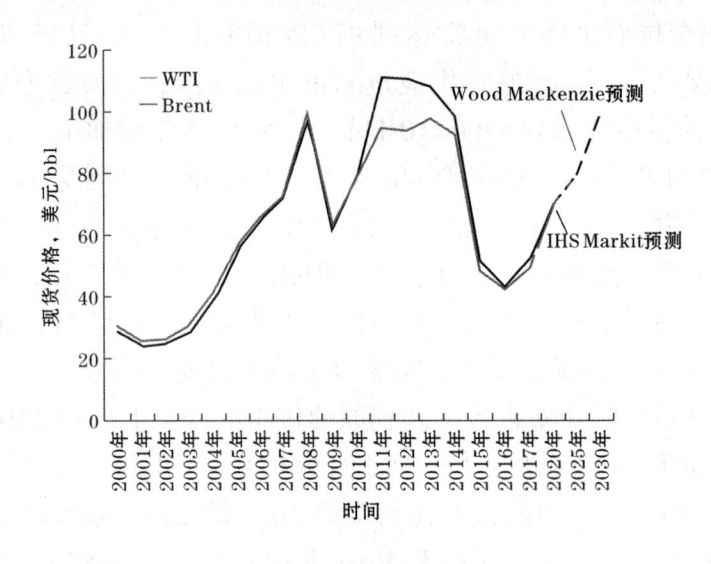

图3 国际原油现货价格及预测

2.2 炼化格局继续调整,产业集中度进一步提高

受经济增长低迷和石油需求增速放缓影响,全球炼油能力增速继续下降。2016年,全球炼油能力达到48.7×10^8 t/a,与2015年相比仅增加2000×10^4 t/a,不到10年增幅平均水平的1/2(图4)。炼油格局仍在加速调整,北美、欧洲和亚太地区呈现差异化发展态势[10]。近年来,新增炼油能力绝大部分位于亚太、中东和北美,亚太地区中发达国家的炼油能力正在下降,新兴经济体的炼油能力在增长。分地区来看,亚太地区仍为全球炼油能力最大的地区,总能力达到16.41×10^8 t/a,较2015年增长0.6%,占世界总能力比例达到33.7%;北美地区炼油能力达11.06×10^8 t/a,较2015年增长1.4%,占比22.7%,其中美国炼油能力出现明显增长态势;欧洲炼油能力为11.65×10^8 t/a,较2015年下降1.1%,占比23.9%。预计未来世界炼油工业的发展重心将继续向具有市场优势和资源优势的地区转移。目前,全球拟建炼油项目约739个,其中亚太地区215个,居第1位,中东地区171个。预计到2020年全球炼油能力将达51.8×10^8 t/a。美国由于页岩油气革命带来的油气成本大幅下降,获得巨大的原料成本优势,炼油能力缓慢增长,将成为世界主要的成品油出口地区之一。在美国、亚洲和中东国家继续增加炼油能力的同时,西欧地区的炼油能力还会持续降低。过去10年,西欧地区已有近1×10^8 t/a炼油能力被关停,尽管近年来炼厂利润有所回升,但长期来看,该地区炼厂继续关停的大趋势不会改变。

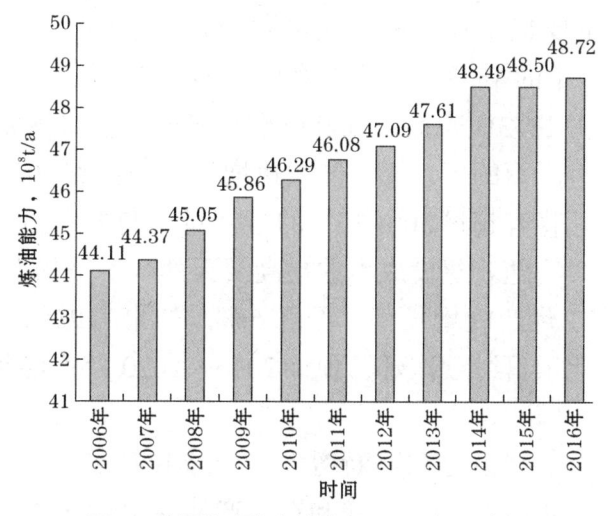

图4 世界炼油能力统计（2006—2016年）

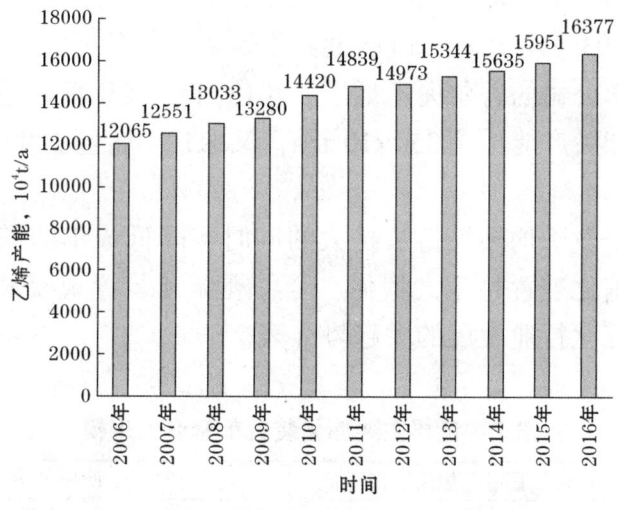

图5 世界乙烯产能统计（2006—2016年）

全球共有炼厂646座，炼厂平均规模达到754×10⁴t/a[11]。炼油企业、生产装置继续向大型化发展。规模在2000×10⁴t/a以上的炼厂达到31座，总能力达到8.38×10⁸t/a。印度信实工业公司贾姆纳格尔炼油中心炼油总能力达到6200×10⁴t/a，是世界最大的炼油基地。中国的镇海炼化、茂名石化、金陵石化、大连石化、惠州炼化的炼油能力均已达到2000×10⁴t/a。

2016年世界乙烯总产能为1.64×10⁸t/a，产量为1.47×10⁸t，开工率在89.6%左右，过去几年需求增速快于产能增速（图5）。产能主要集中在东北亚、北美、中东和西欧，2016年分别占全球总产能的25%、22%、20%和14%。继续呈现亚太为主、北美次之、中东和西欧随后的格局。预计2021年世界乙烯产能将达到1.93×

10^8 t/a，新增产能主要集中在亚洲、北美和中东。其中，亚洲产能增长 1384×10^4 t/a，占世界总增量的45.3%；北美增长 1167×10^4 t/a，占40.7%；中东产能增长 383×10^4 t/a，占11.3%；而非洲和欧洲增长有限。北美乙烯产能的大量释放将使北美聚合物生产商的聚乙烯产能快速增长，预计到2020年，除一部分过剩量流入南美外，还将有超过 300×10^4 t 的过剩量参与亚洲市场的竞争。中东乙烯工业发展步伐放缓，随着建设成本的提高及天然气价格的上涨和资源的短缺，2011—2016年中东乙烯产能增长率降至3.6%。如果考虑到中东动荡的政治局势，可能使在建石化项目继续拖延，预计2016—2020年产能年均增长率将进一步降至2.6%。

全球乙烯生产企业规模也在不断增大，全球共有273套乙烯蒸汽裂解生产装置，平均规模为 58.4×10^4 t/a。已建和在建产能在 100×10^4 t/a 以上的裂解装置已达40多套。2009年，中国台湾台塑石化公司对麦寮乙烯厂的2套装置进行了扩能，产能达到 293.5×10^4 t/a，跃居世界乙烯生产厂第1位，取代了多年居首位的加拿大诺瓦化学公司的若尔夫乙烯厂。2013年，埃克森美孚公司在新加坡裕廊岛的乙烯厂扩能后产能达到 350×10^4 t/a，又取代了台塑石化公司麦寮乙烯厂，居世界第1位。

在全球炼化企业平均规模持续扩大的同时，降低成本的需求及设备制造技术的进步也推动炼化装置趋于大型化。全厂规模和装置规模大型化、实现规模经济效益是世界炼化行业发展的大趋势（表2）。

表2 世界主要炼化装置单套最大规模

装置	单套最大规模，10^4 t/a	所属公司/炼厂
常压蒸馏	1750	加拿大合成原油公司
减压蒸馏	1568	加拿大合成原油公司
催化裂化	1000	印度信实工业公司贾姆纳格尔炼厂
催化重整	425	印度信实工业公司贾姆纳格尔炼厂
加氢裂化	620	沙特阿美—中国石化延布炼厂
馏分油加氢处理	650	印度信实工业公司贾姆纳格尔炼厂
延迟焦化	675	印度信实工业公司贾姆纳格尔炼厂
烷基化	366	印度信实工业公司贾姆纳格尔炼厂
乙烯	150	Borouge 公司阿联酋乙烯厂 陶氏杜邦美国 Freeport 乙烯厂
聚乙烯	65	埃克森美孚公司美国 Mont Belvieu 工厂
聚丙烯	50	沙特阿拉伯 Sabic 公司

从全球范围看，规模化、基地化、一体化是炼化产业发展的必然趋势。全球炼化行业已经形成了美国墨西哥湾沿岸、日本东京湾、新加坡裕廊岛、沙特阿拉伯朱拜勒和延布石化工业园等一批世界级炼化基地。美国墨西哥湾沿岸是世界最大的炼化工业基地之一，炼油能力 $4.6×10^8$ t/a，占美国总炼油能力的52%，其国内95%的乙烯也产于此地，乙烯总产能超过 $2700×10^4$ t/a。中国杭州湾石化工业园也集中了国内较大的炼油和石化企业，炼油能力达到 $8100×10^4$ t/a，乙烯产能为 $395.5×10^4$ t/a（表3）。

表3 世界主要炼化基地

地 址	炼油能力 10^4 t/a	炼油能力占全国总能力的比例,%	乙烯产能 10^4 t/a	乙烯产能占全国总能力的比例,%
美国墨西哥湾沿岸地区	46455	52.0	2705	95.0
日本东京湾地区	19600	90.0	314	60.0
新加坡裕廊岛	6730	100.0	387	100.0
沙特阿拉伯朱拜勒和延布石化工业园区	5550	38.1	1109	70.0
荷兰鹿特丹基地	3163	52.0	300	74.0
韩国蔚山、丽水、昂山	11470	77.5	340	60.0
比利时安特卫普基地	3900	100.0	250	100.0
中国杭州湾石化工业园	8100	10.8	395.5	17.1

近年来，一批新投产的大型炼化企业使基地化、一体化的趋势更加明显（表4）。这些企业的技术、生产运行和管理都能达到世界领先或先进水平。

表4 2013年以来新建的主要大型炼化一体化企业

序号	公司	厂址	原油加工能力, 10^4 t/a	乙烯（芳烃）产能, 10^4 t/a	投资亿美元	投产时间
1	阿布扎比炼油公司	鲁韦斯	4000	乙烯150	100	2015年
2	沙特阿美—道达尔炼化公司	朱拜勒	2000	对二甲苯70、苯14、丙烯20	96	2013年
3	印度石油	印度Paradip	1500		93~105	2013年
4	中国石油四川石化	四川彭州	1000	80	56	2016年
5	中国海油惠州炼化（二期）	广东惠州	1000	120	122	2017年

2.3 全球炼厂平均开工率和利润继续保持在较高水平，但较2015年有所下降

从全球范围来看，受低油价影响，炼厂开工率自2013年以来总体处于上升

趋势，全球炼厂开工率从2015年的82.4%升至2016年的82.9%（图6）。2016年，美国炼厂开工率达到87%，与2015年相比有所下降；亚太地区炼厂开工率比2015年上升2.3%，达到84.6%；欧盟地区炼厂开工率继续上升，达到近84%；2016年，中国炼厂开工率为72%，明显低于全球平均水平（82.7%），结构性过剩形势依然严峻。

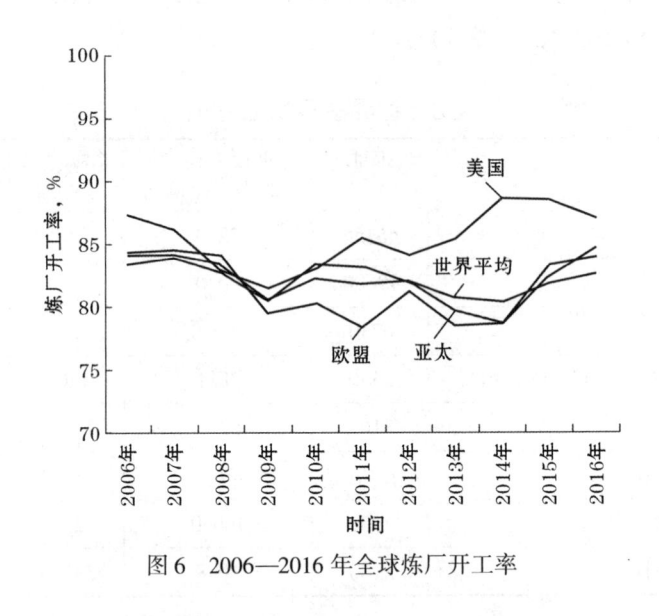

图6 2006—2016年全球炼厂开工率

2016年，炼油行业利润整体有所下降。2015年是炼油行业周期性的高峰时期，由于原油价格下跌，原料成本下降，炼油利润接近历史最高点，炼厂原油加工量增长了$180×10^4$ bbl/d，是过去10年平均水平的3倍。2015年产生的过量库存压低了2016年的炼油利润。欧美等主要地区炼厂受2015年盈利驱使，加工量大幅增加，加上中东等地区新建炼油装置的投产，全球油品库存大幅增加，而全球油品需求并未增加太多，炼厂毛利下降（图7）。欧美地区降幅最为明显，西北欧加工轻质低硫原油的催化裂化型炼厂毛利比2015年下降39%，这是由于美国汽油需求不支持欧洲炼厂出口油品获利，即使进入夏季燃料消费高峰时期也是如此；美国墨西哥湾加工中质含硫原油的焦化型炼厂毛利比2015年下降33%；新加坡加工中质含硫原油的加氢裂化型炼厂毛利下降19%，主要原因是亚洲汽油供应大幅增加，出现结构性过剩，中国、印度大量出口汽油，2016年上半年亚洲市场汽油过剩达$26×10^4$ bbl/d，导致汽油毛利下降。此外，原油价格上涨也推动原料成本增加。麦肯锡能源监测公司（MEI）预测，由于炼油能力增长超过需求增长，相比于2015年的高峰，到2020年前全球炼油行业的开工率和利润都将下降；2020年以后由于开始实施国际海事组织（IMO）新的船用燃料油法规，中间馏分油需求上升，油品市场氛围将有所改善，炼油行业的开工率和利润可望出现回升。

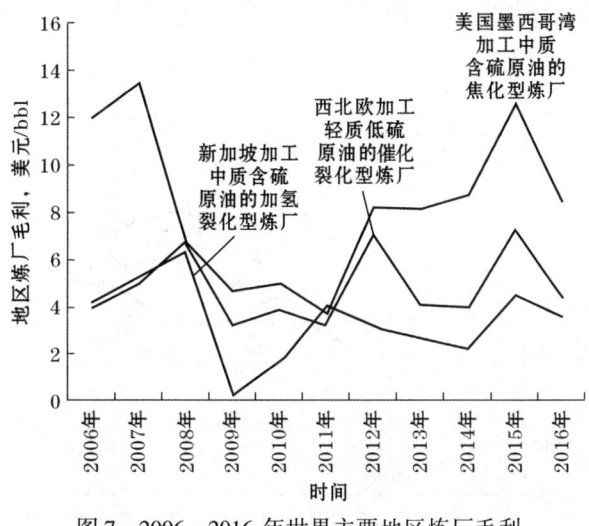

图7 2006—2016年世界主要地区炼厂毛利

2.4 全球石脑油裂解装置开工率和利润率保持较高水平

从全球范围来看，乙烯裂解装置开工率呈上升趋势，如图8所示，其中以石脑油为原料的亚太地区和欧洲裂解装置开工率自2013年开始增长显著，分别从2013年的89.8%和78.0%提高至2016年的94.2%和86.8%；北美和中东裂解装置以乙烷等轻质原料为主，开工率与2015年相比均有所下降，均低于全球平均水平（89.5%）。2016年，中国石脑油裂解装置开工率达到96.2%，明显高于全球和亚太地区平均水平。总体来看，油价长期低迷抑制了煤、甲醇、乙烷等非石油路线生产乙烯装置的开工率。

通常原料成本占乙烯总成本的60%~80%，采用不同原料，乙烯生产成本也有很大差别。总体来看，石脑油裂解装置和乙烷裂解装置的成本差距缩小。自2014年下半年以来，由于国际油价大幅下跌，北美乙烷裂解乙烯相对其他地区的石脑油裂解乙烯的现金成本优势显著下降，由2012—2014年的500~900美元/t缩小至2015—2017年的300美元/t左右。亚洲、欧洲等对石脑油依赖度较高地区的裂解装置现金成本降幅很大，其中东北亚地区裂解装置现金成本约下降20%，东南亚约下降18.5%，西欧地区则约下降17.2%。同期，随着北美乙烯平均现金生产成本的提高和石化产品价格的下降，2015—2017年美国裂解装置利润仅是其2014年高峰期的1/3。中东地区受油价暴跌、乙烷价格飙涨（从0.75美元/10^6Btu上调到1.75美元/10^6Btu）、石化产品价格走低以及美国石化产能快速扩张等因素的影响，裂解装置利润大幅下滑。2016年，中东地区裂解装置利润是2014年原油价格暴跌之前的50%左右，但中东仍然是全球乙烯生产成本最低的地区。

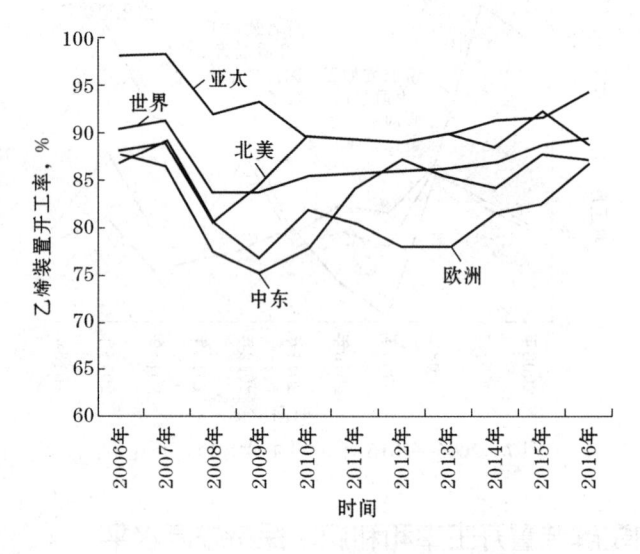

图8　2006—2016年全球乙烯装置开工率

2.5　清洁油品质量标准加速升级，石化产品向高端化、功能化发展

近年来，世界主要国家油品质量升级步伐不断加快。欧洲油品质量标准以环保为理念，始终引领全球，从2009年欧盟开始实行欧Ⅴ标准，汽油和柴油的硫含量均由欧Ⅳ标准的不大于50μg/g降至不大于10μg/g，德国、芬兰、瑞典和英国从2002年起开始投用低硫或硫含量低于10μg/g的汽油，2009年起所有车用汽油硫含量低于5μg/g；日本在2010年以前已限制汽油硫含量不大于10μg/g；美国从2017年1月1日起，执行Tier Ⅲ油品标准，将汽油硫含量降至10μg/g。除发达国家或地区外，发展中国家的清洁燃料标准也在追赶世界领先标准。例如，印度自2017年4月起在全国范围内执行相当于欧Ⅳ标准的BS4清洁燃料标准（硫含量不大于50μg/g），到2020年4月1日，越过相当于欧Ⅴ的BS5标准，直接执行BS6标准（硫含量降到5μg/g），到2020年印度计划投资145亿美元用于油品质量升级。从主要国家汽柴油标准进步可看出，硫含量是汽柴油质量升级中最为重要的指标之一，汽柴油硫含量降至10μg/g及以下是国际趋势。预计到2025年，除非洲、中东、拉丁美洲、东南亚部分地区外，全球

大部分地区的汽油硫含量均要降至10μg/g及以下。

近年来，中国车用汽柴油质量升级步伐加快。目前，中国的油品质量标准已领先于绝大多数发展中国家，部分省市的标准已经达到发达国家水平[12]。自2017年1月1日起，全国范围内执行国V车用汽柴油标准，北京市执行京Ⅵ汽柴油标准；2017年9月底前，"2+26"城市（北京市、天津市及河北、山东、河南部分城市）率先供应符合国Ⅵ标准的车用汽柴油，禁止销售普通柴油；国Ⅵ车用汽油在全国的实施分为两个阶段[13]，车用汽油国ⅥA标准自2019年1月1日起执行，车用汽油国ⅥB则于2023年1月1日起执行，同时国Ⅵ车用柴油自2019年1月1日起在全国执行[14]。国Ⅵ车用汽油标准的A、B两个版本的硫含量仍维持在不大于10μg/g，其最大的不同点在于对烯烃的要求：车用汽油国ⅥA规定烯烃体积分数不大于18%（与现行车用汽油欧Ⅵ标准烯烃含量相同），而国ⅥB将该指标降为不大于15%。由于降低烯烃比例会带来辛烷值损失，因此国Ⅵ汽油标准分两个时间点实施为我国优化炼油装置结构争取了更多时间。除降低烯烃含量外，车用汽油国Ⅵ标准还将芳烃含量由40%（体积分数）降至35%（与欧Ⅵ标准相当），苯含量由1.0%（体积分数）降至0.8%（优于欧Ⅵ标准），T_{50}由国V标准的不高于120℃降至不高于110℃。车用柴油国Ⅵ标准与国V标准相比，主要变化为将多环芳烃体积分数由不大于11%降至不大于7%，并收窄了密度范围。国Ⅵ车用汽柴油标准全面实施后，主要技术指标将达到欧Ⅵ标准，部分指标甚至优于欧Ⅵ标准，届时中国油品质量标准整体将达到世界先进水平（表5和表6）。

表5　中国与欧盟车用汽油标准主要指标对比

标准号	GB 17930—2013（国V）	GB 17930—2016 国ⅥA	GB 17930—2016 国ⅥB	DB 11/238—2016（京Ⅵ）	EN 228—2008（欧V）	EN 228—2012（欧Ⅵ）
执行时间	2017年	2019年	2023年	2017年	2009年	2013年
RON	89/92/95	89/92/95	89/92/95	89/92/95	95	95
T_{50},℃	≤120	≤110	≤110	≤110		
蒸气压,kPa	45～85（11月1日—4月30日）；40～65（5月1日—10月30日）	45～85（11月1日—4月30日）；40～65（5月1日—10月30日）	45～85（11月1日—4月30日）；40～65（5月1日—10月30日）	45～70（3月16日—5月14日）；42～62（5月15日—8月31日）；45～70（9月1日—11月14日）；47～80（11月15日—3月15日）	分地区 45～60；70～100	分地区 45～60；70～100

续表

标准号	GB 17930—2013（国V）	GB 17930—2016 国ⅥA	GB 17930—2016 国ⅥB	DB 11/238—2016（京Ⅵ）	EN 228—2008（欧V）	EN 228—2012（欧Ⅵ）
硫含量,μg/g	≤10	≤10	≤10	≤10	≤10	≤10
烯烃含量,%（体积分数）	≤24	≤18	≤15	≤15	≤18	≤18
芳烃含量,%（体积分数）	≤40	≤35	≤35	≤35	≤35	≤35
苯含量,%（体积分数）	≤1.0	≤0.8	≤0.8	≤0.8	≤1.0	≤1.0
氧含量,%（质量分数）	≤2.7	≤2.7	≤2.7	≤2.7	≤2.7	≤2.7

注：T_{50}表示50%蒸发温度。

表6　中国与欧盟车用柴油标准主要指标对比

标准号	GB 19147—2013（国V）	GB 19147—2016（国Ⅵ）	DB 11/239—2016（京Ⅵ）	EN 590—2009（欧V）	EN 590—2012（欧Ⅵ）
执行时间	2017年	2019年	2017年	2009年	2013年
十六烷值	≥51/49/47	≥51/49/47	≥51/49/47	≥51[①] 47~49[②]	≥51[①] 47~49[②]
硫含量,μg/g	≤10	≤10	≤10	≤10	≤10
多环芳烃含量,%（质量分数）	≤11	≤7	≤7	≤8	≤8
密度[③],kg/m³	810~850; 790~840	810~845; 790~840	820~845; 800~840	820~845; 800~845	820~845; 800~840

①用于合适的温度条件下。
②适用于北极圈内或极寒条件下。
③密度值温度为：中国20℃，欧盟15℃。

除了进一步提高车用汽柴油质量标准外，船用燃料油标准也在不断提高。国际海事组织（IMO）于1997年修订了1973年国际防污染公约（MARPOL 73/78），增加了附则Ⅵ——《防止船舶造成大气污染附则》，对船舶燃料油硫含量的全球上限及硫排放控制区（ECAs，目前指波罗的海、北海、美国和加拿大的沿海地区、美国加勒比海地区4个排放控制区）的硫含量提出了严格要求。自2015年1月起，在硫排放控制区行使船舶使用的船用燃料油硫含量降至0.1%，自2020年1月起，在全球范围内推行船用燃料油硫含量不超过0.5%的标准，这将彻底消除高硫船用油市场。

为控制中国船舶污染物排放，改善中国沿海和沿河区域特别是港口城市的空气质量，中国于2016年1月1日正式生效的《大气污染防治法》规定，内河区域用船用燃料油为普通柴油，同时生效的《珠三角、长三角、环渤海（京津冀）水域船舶排放控制区实施方案》规定[15]，自2016年1月1日起，在珠三角、长三角、环渤海（京津冀）水域排放控制区内，有条件的港口有效使用硫含量不超过0.5%的燃油，到2019年1月1日所有进入排放控制区的船舶应使用硫含量不超过0.5%的燃油。上海市规定，自2016年4月1日起，上海港口区域（包括沿海和内河海域）率先实施排放控制区实施方案。中国于2015年12月31日批准发布了第一部船用燃料油强制性标准——GB 17411—2015《船用燃料油》[16]，实施使用范围为"海（洋）船用柴油机及其锅炉用燃料油"，规定了4种馏分燃料油和6种残渣燃料油，自2016年7月1日起执行。由于硫含量是体现油品环保程度的重要指标，直接关系到排放污染物的水平，因此该标准将硫含量作为重点指标。馏分燃料油按照对硫含量要求的不同，DMX、DMZ和DMA分为不大于1.0%、0.5%和0.1%（质量分数）3个等级；DMB分为不大于1.5%、0.5%和0.1%（质量分数）3个等级。残渣燃料油按照对硫含量要求不同，RMA10和RMA30分为不大于3.5%、0.5%和0.1%（质量分数）3个等级；其他牌号分为不大于3.5%和0.5%（质量分数）2个等级。可以看出，在GB 17411—2015中，最严的硫含量限制为不大于0.1%（质量分数），完全与国际接轨。可以看出，船用燃料油的低硫化也是必然趋势。

石化产品差异化、高端化深入发展，推动产业持续向价值链高端延伸。未来将根据交通运输、新型电子电器、医疗、食品包装、农业、航天等行业的需求，开发并生产实用的功能化产品，通过研究功能与分子结构的关系进行分子设计，实现单体生产、催化剂、反应工程与工艺、加工应用技术的综合集成。高端聚烯烃塑料、高性能橡胶、高性能纤维等化工新材料将成为发展最快、竞争最激烈的产业。

环保法规日趋严格，绿色低碳成为石化行业发展的新方向。针对不同石化产品的绿色一体化生产技术不断得到应用，促进化工反应过程的本质节能、环保。重点是开发新型高效催化材料，提升催化剂的选择性和活性，优化原料配给，创新反应设备，开发反应、反应产物分离和精制耦合新技术，减少副反应发生，简化产品分离过程和精制流程。

2.6 主要石油公司灵活调整炼化业务策略，聚焦优势领域，并布局新能源业务

在能源变革和低油价时代，全球主要大型国际石油公司均采取了诸多战略

性举措，包括灵活调整炼化业务发展策略，主要体现在以下几方面：坚持规模化、集群化、炼化一体化发展；调整下游业务布局，炼油业务控制新增能力，化工业务投资于新兴市场，以各种方式布局新能源业务；集中发展优势业务，保持领域领先；挖潜增效，提高现有装置灵活性和盈利能力，以市场为导向调整产品结构。

埃克森美孚公司是世界最大的油气公司，在炼化领域一直居行业领先地位。该公司以稳健发展为原则，坚持拓展国际市场、上下游一体化协调发展的整体业务战略，炼油业务注重改进产品和服务，重点提高效率和效益，化工业务坚持发展在世界排名居前的基础化学品核心业务，保持竞争优势。选择性投资适应性强、收益好、可提高核心竞争力的项目，进入资源优势和市场潜力区域，扩大亚太、中东投资；加大投资北美石化项目，提出了一个为期10年高达200亿美元的"发展墨西哥湾"投资计划，包括11个大型的化工、炼油、润滑油和液化天然气项目，以扩大其在美国墨西哥湾沿岸的石化产能和出口能力。高度重视技术研发，始终坚持内外结合、优化与创新结合的技术发展战略，2015年公司研发投入达到10.08亿美元，是炼油化工技术的开创者和全球领先者。炼油领域的核心技术呈多点覆盖之势，几乎囊括所有加工过程，化工领域重点开发聚烯烃技术和芳烃技术，在全球率先提出了"分子管理"理念和技术并投入实际应用，通过分子管理，该公司的下游业务获益超过7.5亿美元/a，并率先开发了原油直接裂解制乙烯技术，并在其新加坡裂解厂进行了应用。在新能源和前沿技术领域，布局生物燃料、燃料电池、二氧化碳捕集封存等。

BP公司已从2010年4月的墨西哥湾漏油事件的阴影中走出，通过严控成本和优化资产组合，计划重回增长轨道。持续调整下游业务，主要是削减控制炼油发展规模，适时进入新兴市场。自2014年以来，BP公司下游板块削减了30亿美元的现金成本，出售上海赛科石化50%股份和印度Castrol India 11.5%股份，收购澳大利亚燃料业务，包括527个加油站和16个在建项目。重视炼化一体化发展，装置升级改造以提升产品品质和加工灵活性。利用技术优势，强化核心石化产品竞争力。剥离欧美等地区的烯烃及其衍生物业务，重点发展芳烃及乙酸业务。发展新能源、低碳技术，重点发展生物燃料、低碳能源（如CCS）等技术。

Shell公司总体发展战略为"强化上游，巩固下游，加强液化天然气业务，精干化工业务，开发可再生能源"。重点发展天然气业务，专注于液化天然气、深水油气及化工等增长型业务领域。2016年，以530亿美元收购英国天然气集团（BG），天然气业务占其业务量的1/3，成为全球最大液化天然气公司。在炼油方面，调整欧美布局，剥离非战略资产，加大对中国等新兴市场的渗透，炼油集中度将进一步提高。2016年，出售了位于马来西亚的壳牌炼油公司（SRC）51%股份、位于丹麦的下游业务、澳大利亚航空燃油业务以及日本昭和壳牌的股份。化工业务实施"乙烯裂解+1"战略，先后剥离近40%的非核心化工业务以及聚烯烃业务，专注于烯烃基础化学品及一级衍生物生产。在发展区域方面，重点投资亚太和中东地区，通过炼油和化工资产一体化整合创造更高价值。追求技术领先，保持技术优势，在机构重组中，Shell公司成立了项目与技术板块，更加强调了研发与业务的紧密结合。在原油蒸馏、加氢裂化、催化裂化、硫回收、环氧乙烷、苯乙烯/环氧丙烷、煤气化及液化天然气等技术领域具有世界领先优势。2016年，为集中优势，Shell公司将新能源与天然气业务整合，全面统筹布局新能源领域，包括生物燃料和天然气发电，同时退出了风能、太阳能、水力发电等领域。新能源相关技术研发已占公司年度研发预算的1/5。

中国石化作为国内最大的炼化生产商，为保持市场竞争力，持续调整优化业务发展方向。在炼油业务方面以结构调整提升市场竞争力，重点推进成品油质量升级，增产航空煤油（简称航煤）、高标号汽油，降低柴汽比；加强供需矛盾突出的原油品种采购和配置，降低原油采购成本；适度增加成品油出口，并加快相关设施建设；充分发挥集中营销优势，提升液化气、沥青等产品盈利能力。化工业务实施"基础+高端"战略，重点围绕深化生产运行优化，降低乙烯原料成本，持续调整产品结构，注重产品差异化策略，多产适销对路和高附加值产品，开满开足效益好装置，限产亏损装置，停产无边际贡献且不影响产品链的部分装置，加大高附加值新产品的研发、生产和推广。"十三五"期间，将投资2000亿元优化升级打造茂湛、镇海、上海和南京四大世界级炼化基地。在非油气业务方面，有序发展煤化工，利用自身完善的技术研发、工程建设、运行管理、产品销售体系，布局5个基地，力争煤化工、石油化工项目优势互补，向能源公司延伸。推进新能源产业发展，布局页岩气、煤层气、地热能、生物航煤、生物柴油、燃料乙醇、太阳能、充电站等领域。中国石化开发出具有自主知识产权的生物航煤生产技术，2015年完成上海至北京首次商业飞行成功，2017年11月22日首次跨洋商业载客飞行获得成功，正在镇海炼化进行国内首套10×10^4 t/a生物航煤加氢装置改造项目设计，计划2018年内开工，2019年投产，形成规模生产能力。

作为国内第二大炼化生产商，中国石油炼油能力达到1.89×10^8 t/a，乙烯产能591×10^4 t/a，分别占国内份额的25%和26%。2016年炼化业务盈利411亿元，创历史最好水平。炼化业务坚持稳健发展方针，按照整体协调发展、打造完整产业链的原则,坚持炼油化工一体化方向,巩固提高市场份额,持续提升竞争力。老企业要坚持整体统筹,重点做好国内外资源优化、上下游业务、新老企业、炼销产业链、区域、企地关系的统筹。对于新项目要突出结构优化,紧盯市场,将炼化业务转型与供给侧结构性改革结合起来,坚持大型化、一体化、基地化、园区化建设方向。具体策略如下:(1)优化资源配置。炼化一体化、特色加工、高效利用配置,提升上下游整体创效能力。(2)优化产品结构。顺应发展环境和市场变化需求,灵活组织生产,发挥资源优势,努力实现产品结构调整常态化,化工产品结构向高端化、精细化发展。(3)优化组织运营。科学组织,抓好节能降耗、安全环保、设备改造和隐患治理等工作,持续提升风险管控水平。(4)优化方案设计。降低建设成本、加工成本和人工成本。(5)推进改革创新。推进降本增效,持续提升内生动力。具体措施包括:有效配置原油资源和加工量,提高炼油加工负荷,增产化工原料;调整优化产品结构,根据市场需求安排炼油加工路线和生产节奏,努力开满开足化工装置;优化工艺,合理降低柴汽比,增产航煤、高标号汽油和芳烃等高效产品;优化石脑油、液化气等资源区域互供,保障乙烯装置开满开足;根据市场优化排产、调整牌号,增加专用料等高附加值和厚利产品比重;有序推进华北石化、辽阳石化炼油项目建设。在新能源业务方面,推进致密气、致密油、页岩气、煤层气等非常规天然气,积极参与了中国首次南海可燃冰试采活动。在可再生能源方面,开展地热能、太阳能业务,乙醇汽油生产能力已达 $300×10^4$ t/a,并在东北地区实现规模化供应,同时设立玉米秸秆生产燃料乙醇关键技术研究专项;开展航空生物燃料研究,从麻风树果实中提炼的航空生物燃料已经试飞成功。

综合上述5家国际大型石油公司的炼化策略,可以看出在能源转型阶段,石油公司均在进行业务战略调整,既坚持以发展传统油气能源为主,提高当前的竞争能力和绩效,又开始未雨绸缪,积极主动地发展新能源,为未来的能源竞争和企业可持续发展提前布局,努力实现从油气公司向综合性能源公司的转变。

3 中国炼化工业发展面临的形势

中国炼化工业经过近30年的长足发展,实现了从小到大的转变,已经发展成为国民经济支柱产业,能够满足国民经济发展对成品油和化工原料的需要,保障了国家能源安全。原油加工能力从2000年的 $2.77×10^8$ t/a 增至2016年的 $7.8×10^8$ t/a,乙烯产能从2000年的 $490×10^4$ t/a 增至2016年的 $2264×10^4$ t/a,均居世界第2位。已形成了以中国石化、中国石油为主,中国海油、中国化工、中化、中国兵器等央企加快发展，民营炼化企业迅速扩张的多元化市场竞争主体。

建成了22个千万吨级炼油、10个百万吨级乙烯基地，形成了长江三角洲、珠江三角洲和环渤海地区三大石化产业集聚区，其中镇海石化、大连石化和茂名石化炼油能力超过了$2000×10^4$t/a，进入世界最大炼厂行列（图9）。上海赛科、独山子石化等6套单套乙烯产能超过$100×10^4$t/a（图10）。

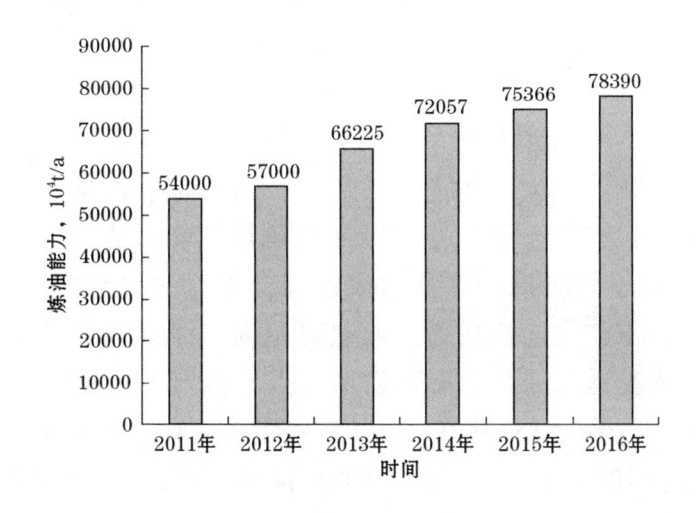

图9 全国炼油能力统计

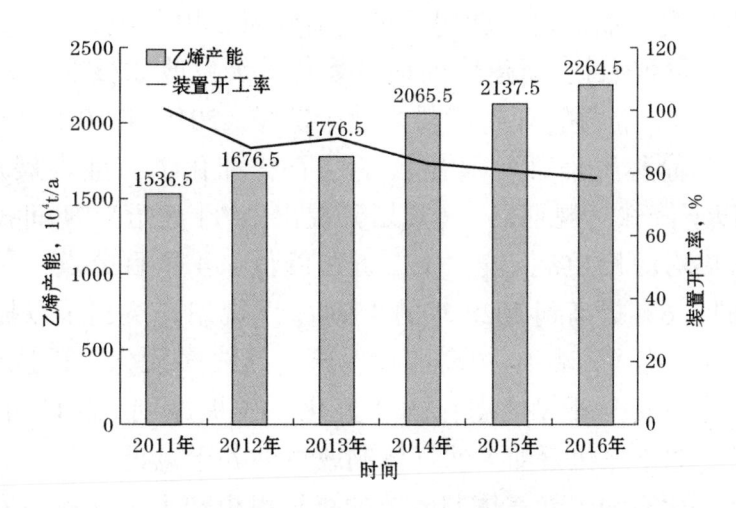

图10 全国乙烯产能及装置开工率统计

在全球经济能源形势发生深刻变化的大背景下，中国炼化工业面临着市场需求放缓、安全环保趋严、产能结构性过剩、化工产能尤其是高端产能不足、产品质量标准升级、替代交通能源加快发展、市场竞争更加激烈等因素，必须要走出一条以结构调整为主攻方向、以创新驱动为新动力、以绿色循环低碳为重要途径的新型发展道路，加快中国由炼化大国向炼化强国的转变步伐。

3.1 国家政策及行业监管日趋完善，安全环保要求提高

近年来，为促进炼化产业健康有序发展，国家陆续发布了《石化产业规划布局方案》《关于石化产业调结构促转型增效益的指导意见》《石化和化学工业发展规划（2016—2020）》《关于深化石油天然气体制改革的若干意见》等一系列石油石化行业相关的政策规划[17-19]，对产业发展方向、发展战略、产业布局、结构调整和市场化改革等产生重大而深远的影响。

2014年9月，国家发展和改革委员会（以下简称国家发改委）下发了《石化产业规划布局方案》（以下简称《方案》），对炼油、乙烯、芳烃三大产业进行重点规划布局。《方案》规划到2020年全国炼油能力达到$7.9×10^{12}$ t/a，2025年达到$8.5×10^{12}$ t/a，同时推动产业集聚发展，重点建设上海漕泾、浙江宁波、广东惠州、福建古雷、大连长兴岛、河北曹妃甸、江苏连云港七大基地，新建炼化项目一律进入基地，原则上不再新增布点。提出了新建项目（基地）相关指标：单系列常减压装置$1500×10^4$ t/a，油品质量达到国Ⅴ标准，节能、排放必须达标；乙烯装置$100×10^4$ t/a；对二甲苯装置$60×10^4$ t/a；单系列甲醇制烯烃装置$50×10^4$ t/a；产业基地原油加工能力可达到$4000×10^4$ t/a以上。简化项目审批程序，《方案》内炼油扩建、新建乙烯、新建对二甲苯项目由省级政府核准，《方案》内煤制烯烃项目、新建炼油项目委托省级发改委核准。为推动石化和化学工业由大变强，指导行业持续科学健康发展，2016年10月18日，工业和信息化部（以下简称工信部）又出台了《石化和化学工业发展规划（2016—2020年）》（以下简称《规划》）。《规划》提出，"十三五"期间我国石化和化工工业增加值年均增长8%，较"十二五"降低1.4个百分点，行业销售利润率从2015年的4.6%提高到2020年的4.9%。《规划》突出了以提质增效为中心的发展方式，提出了产品结构高端化、原料路线多元化、科技创新集成化、产业布局集约化、安全环保生态化的"五化"发展原则。2017年5月21日，国务院印发了《关于深化石油天然气体制改革的若干意见》[19]（以下简称《意见》），明确了深化石油天然气体制改革的指导思想和主要任务，为油气行业的供给侧结构改革指明方向，进一步规范了行业的发展。《意见》强调，深化石油天然气体制改革要坚持问题导向和市场化方向，体现能源商品属性；坚持底线思维，保障国家能源安全；坚持严格管理，确保产业链各环节安全；坚持惠民利民，确保油气供应稳定可靠；坚持科学监管，更好地发挥政府作用；坚持

节能环保，促进油气资源高效利用。在主要任务中提出"深化下游竞争性环节改革，提升优质油气产品生产供应能力；制定更加严格的质量、安全、环保和能耗等方面技术标准，完善油气加工环节准入和淘汰机制；提高国内原油深加工水平，保护和培育先进产能，加快淘汰落后产能。改革油气产品定价机制，有效释放竞争性环节市场活力。完善成品油价格形成机制。深化国有油气企业改革，充分释放骨干油气企业活力。鼓励股权多元化和多种形式的混合所有制"。一系列行业政策规划出台的目的是保障能源供应安全，推进供给侧结构性改革，引入新的竞争主体，逐步健全产业链市场化改革，倒逼国企提升创新活力和经营效率，石化市场的竞争主体更加多元化、竞争更加激烈。

为加强生态文明建设，保护环境，节约资源，新《中华人民共和国安全生产法》、新《中华人民共和国环境保护法》《中华人民共和国环境保护税法》《能源行业加强大气污染防治工作方案》《石化和化学工业节能减排指导意见》等安全环保法律法规也密集出台。2015年4月，环保部发布 GB 31570—2015《石油炼制工业污染物排放标准》、GB 31571—2015《石油化学工业污染物排放标准》，炼化工业的污染物排放标准已与发达国家最严标准接轨，并已于2015年7月1日正式实施。2017年8月27日，国务院发布《关于推进城镇人口密集区危险化学品生产企业搬迁改造的指导意见》[20]，要求到2025年，城镇人口密集区现有不符合安全和卫生防护距离要求的危险化学品生产企业全面完成就地改造达标、搬迁进入规范化工园区或关闭退出。十九大报告中也明确提出"必须树立和践行绿水青山就是金山银山的理念，坚持节约资源和保护环境的基本国策""实行最严格的生态环境保护制度"，安全环保执法与监督趋严已成必然。作为国家重点安全环保减排行业的炼化行业，能源消耗和污染物排放要求将更严、标准更高、监管更严厉，责任追究和惩罚力度也相应加大。此外，国家还将出台一系列限制或控制传统化石能源生产和消费的相关财税政策，企业面临的生态环境保护与安全生产压力将不断加大，行业发展约束增大。

3.2 炼油产能过剩，原油对外依存度攀升，油品消费增速放缓，消费柴汽比下降

近年来，中国炼油能力快速增长，2016年炼油能力已达到 7.8×10^8 t/a，实际原油加工量只有 5.4×10^8 t/a，开工率为69%，虽然低于钢铁（72%）、水泥（73.7%）、电解铝（71.9%）、平板玻璃（73.1%）和船舶（75%）等国务院文件中列举的产能过剩行业，但根据国际经验，80%左右的开工率是衡量工业产能过剩的临界点，75%以下表明产能过剩严重，高于85%表示产能不足，当

前中国炼油能力已经过剩约 8300×10⁴t/a，已属于严重过剩的行业。产能过剩将导致行业竞争激烈，开工率不足，盈利能力下降，规模小、成本高、竞争力差的落后产能必然遭到市场淘汰。预计到 2020 年，中国炼油能力将达到 $8.7×10^8$ t/a，开工率降至 69%，过剩 $1.1×10^8$ t/a 左右，产能过剩更为严峻。一方面产能过剩，另一方面石油对外依存度逐年攀升。2016 年，中国原油产量为 $1.997×10^8$ t，净进口量为 $3.78×10^8$ t，对外依存度为 65.4%，相比 2010 年的 53.7%大幅攀升。预计到 2020 年，中国原油产量将保持在 $2×10^8$ t 左右，净进口量为 $3.90×10^8$ t，对外依存度继续上升至 66.1%。业界有一种看法是，对中国这样一个面临复杂地缘政治环境的能源消费大国来说，原油对外依存度"70%"是不可触碰的"红线"，中国油气体制改革的基本原则之一就是"坚持底线思维，保障国家能源安全"。无论是从经济上还是政治上考虑，一方面大量进口原油，另一方面炼油产能严重过剩都是不合理与不可持续的。

随着中国经济增速放缓、经济结构转型以及能源效率提高，国内成品油消费增速下降，成品油消费结构变化，消费柴汽比下降。2016 年，中国汽煤柴油消费约 $3.15×10^8$ t，同比仅增长 0.27%，其中柴油下降 5.1%，汽油增长 5.4%，航煤增长 13.5%；消费柴汽比下降至 1.37。成品油消费增速将由 2001—2016 年的年均 8.7%下降到 2016—2020 年的年均 2.3%，其中柴油消费进入平台期，今后几年会有小幅波动；汽油消费将保持 5%左右的增长率，低于"十二五"的 11.7%；消费柴汽比将从 2016 年的 1.37 降至 2020 年的 1.1 左右；由于航空需求的增长，航煤消费量在 2030 年之前将持续较快增长，年均增速在 8%左右。各种预测机构普遍认为，到 2030 年前中国将达到石油消费峰值，其中汽油消费峰值预计将在 2025 年达到 $1.7×10^8$ t，柴油消费已基本达峰，2020 年前阶段性饱和 $1.75×10^8$ t，航煤消费仍有较大的增长空间。

3.3　乙烯产能仍然不足，当量消费缺口较大，高端化工材料市场空间巨大

乙烯的生产规模代表着一个国家的石化工业发展水平。2016 年，中国乙烯产能为 2264.5×10⁴t/a，产量 1781×10⁴t，当量消费量约为 3980×10⁴t，当量消费量缺口 2200×10⁴t，相当于缺少 20 套百万吨级乙烯装置，仍需进口大量的聚乙烯和乙二醇等乙烯下游衍生物才能满足国内需求。预计到 2020 年，中国乙烯产能将达 3200×10⁴t/a 左右，年均增速约 9.0%，高于"十二五"的 7.7%，届时仍有 2000×10⁴t/a 左右当量消费量缺口。

高端石化产品市场空间广阔，存在较高的对外依存度。到 2020 年约 1/3 的乙烯衍生物需求缺口需要通过进口补齐，聚乙烯和聚丙烯消费量将分别达到

2900×10^{4}t 和 2600×10^{4}t，而产能分别为2545×10^{4}t、2602×10^{4}t，依然有较大缺口，仍有较大的增长空间。同时，国内聚烯烃产品结构不合理，低端通用产品过剩，高端专用料自给率低，存在较高的对外依存度，结构性短缺矛盾突出。例如，工程塑料自给率只有52%，高端聚烯烃塑料低至39%，功能性膜材料也只有54%，缺口较大。以高端聚烯烃塑料为例，2015年中国茂金属聚烯烃绝大部分依赖进口，辛烯共聚聚乙烯自给率也仅有7.7%。党的十九大绘制了人民美好生活的蓝图，随着城镇化发展和人民生活水平的提高，中国人均乙烯当量消费将大幅增长（人均乙烯当量消费目前美国为80kg/a，西欧为120kg/a，中国仅为20kg/a），其他化工材料的需求也将持续增长，个性化、多样化、定制化需求和绿色消费逐渐成为主流，对石化产品的结构、质量、性能和环保相容性提出了更高要求，石化产品市场正从量的扩张转向质量与数量并重。

3.4 民营地方炼化企业发展迅猛，市场参与主体多元化，行业竞争日趋激烈

近年来，地方炼化企业的实力和影响力逐渐增强，截至2016年底，全国地方炼厂[含中国中化集团有限公司、中国兵器工业集团公司等控股及收购的地方炼油企业（以下简称地炼）]的炼油能力达到2.6×10^{8}t，约占全国一次加工能力7.8×10^{8}t的33%，中国炼油业已形成"中国石化、中国石油、地炼三足鼎立，中国海油、中国化工等五大国企局部占优"的多元化竞争格局。随着国家对原油进口和成品油进出口限制的逐步放开，长期困扰地炼发展的原料问题得到解决，地方炼厂开工率上升至60%以上，成为国内成品油增量的主要来源。在化工行业，中国民营化工企业已在聚酯和合成纤维领域成为主力，一些实力雄厚的大型民营企业还在向乙烯、炼油、原油生产以及油品销售领域拓展，影响力不断攀升。同时，浙江石油化工有限公司、大连恒力石化公司等企业正在抓紧建设世界级规模的炼化项目，将进一步加剧行业竞争，新建项目如舟山、长兴岛、连云港等民营石化企业规模大、起点高、动作快（表7）。民营炼化企业还在进一步整合力量。2017年9月1日，山东地炼企业组建山东炼化能源集团有限公司。2017年9月29日，浙江省能源集团有限公司和民营资本浙江石油化工有限公司共同出资成立浙江省石油股份有限公司，浙江省能源集团有限公司控股。外资企业也在扩大成品油零售业务。2017年8月16日，国务院发布关于《促进外资增长若干措施的通知》，提出"进一步放开包括'加油站'在内的市场准入对外开放范围"。壳牌公司2016年成立独资成品油销售公司——浙江壳牌燃油公司。BP公司2017年成立独资企业碧辟（山东）石油有限公司，目标市场是山东成品油零售市场。未来中国炼化市场的竞争将进一步升级。

表7 中国正在规划与建设中的大型石化项目（2017—2022年）

项目名称	炼油能力，10^4t/a	乙烯（芳烃）产能，10^4t/a	预计投产时间
云南石化	1300		已投产
中国海油惠州炼化二期	1000	乙烯100	已投产
中科湛茂	1000	乙烯80	2019年
盛虹石化	1600	乙烯110；芳烃280	2019年
浙江石化	一期：2000 二期：2000	一期：乙烯140；芳烃540 二期：乙烯140；芳烃540	一期：2018年 二期：2022年
恒力石化	2000	芳烃450	2018年
一泓石化	1500	芳烃300	2018年
广东石化	2000	乙烯110；芳烃240	2020年
合计	14400	乙烯680；芳烃2350	

3.5 煤化工产业形成规模发展，对石油化工冲击增大

中国煤炭资源相对丰富，这一资源禀赋特点决定了中国发展现代煤化工具有资源优势。经过"十二五"的快速发展，中国现代煤化工产业取得长足进步，技术水平已居世界领先地位，煤制油、煤制天然气、煤制烯烃、煤制乙二醇基本实现产业化。已建成10套60×10^4t/a煤制烯烃装置，总产能为646×10^4t/a。建成1套煤直接液化制油、6套煤间接液化制油装置，总产能为678×10^4t/a。建成3套煤制气装置，产能为31×10^8m^3/a。建成11套（20~30）万吨级煤制乙二醇装置，产能为270×10^4t/a。其中，发展最快的煤制烯烃、煤制乙二醇，产能已分别占国内表观消费量的14.6%和7.8%，已对石油烯烃和乙二醇市场造成一定冲击。经测算，国际油价为65美元/bbl时，现代煤化工能做到总体不亏损并实现赢利；油价到85美元/bbl时，基本可以达到行业基准收益率（税前11%）；在当前60美元/bbl低油价下，只有煤制烯烃企业微利，其他企业处于亏损状态。因此，受近几年的低油价冲击，煤化工的盈利空间大幅收窄，竞争力显著下降，产业进入调整期。但基于中国能源安全及以煤为主的资源禀赋特点、中短期内原油价格企稳回升以及油气资源对外依存度的逐年上升，国家对煤化工保持有序发展的政策，提出现代煤化工发展的重点任务首先是做好产业技术升级示范，重点开展煤制烯烃、煤制油升级示范，有序开展煤制天然气、煤制乙二醇产业化示范，稳步开展煤制芳烃工程化示范。

预计2020年煤制烯烃产量将占到国内烯烃表观消费量的25%左右，2025

年将超过30%，届时国内烯烃市场将形成石油烯烃、煤制烯烃、进口产品"三分天下"的格局。按照国家能源局2017年2月8日发布的《煤炭深加工产业示范"十三五"规划》[23]，2020年煤制油总产能控制在$1300×10^4t/a$，估计仅占当年成品油产量的1.9%。总体来看，在未来石油价格长期处于50～70美元/bbl的中低油价形势下，产品价值高的煤制烯烃、煤制乙二醇将继续发展，对石油基烯烃和乙二醇将带来较大的冲击。煤制天然气、煤制油主要作为战略储备，做好现有装置示范运行，由于现有产能仍很小，还不足以对传统石油天然气行业产生冲击。

3.6 新能源汽车、乙醇汽油等交通替代燃料发展迅猛，对石油炼化冲击加大

随着中国经济结构转型步伐加快和能源消费等各领域进入低碳化、清洁化发展时期，电动汽车、天然气汽车等交通替代燃料快速发展，拟禁售燃油车呼声不断出现，再加上乙醇汽油的加速推广应用，对传统油品市场产生冲击，对传统炼化行业的发展带来诸多挑战。

在电动汽车方面，受益于国家密集出台的一系列鼓励政策，近年产销量呈现爆发式增长，产业迅速发展。2016年，中国电动车产量达到45.9万辆，同比增长40%，保有量约80万辆，占全球电动车的50%以上，但仅占全国汽车保有量的0.24%，预计2020年电动车产销量将达到200万辆。在天然气汽车方面，截至2016年底，中国天然气汽车保有量达到557.6万辆，2020年有望突破1000万辆。2016年燃料乙醇产量$250×10^4t$，按E10的比例折合成乙醇汽油约$2500×10^4t$，占汽油年消费量的18%，预计到2020年燃料乙醇产量达到$1200×10^4t$，基本实现汽油全覆盖。据测算，上述交通替代燃料的总量，2015年约占全国汽柴油年消费量的5.8%，预计到2020年将占16%以上（其中，燃料乙醇占汽油的份额为10%），2030年可能达到25%左右（其中，燃料乙醇占10%以上），对油品市场冲击加大。

除了电动车、天然气车等交通替代燃料快速发展外，禁售燃油车的浪潮也从欧洲掀起，荷兰、挪威、德国、法国、英国等国先后提出禁售燃油车提案或时间表。沃尔沃、丰田汽车、大众汽车、戴姆勒等部分汽车公司提出未来电动汽车的开发与销售上市计划。但需要清醒地看到，这些提出禁售燃油车计划的欧洲国家大都油气资源贫乏，且部分国家石油消费已过峰值期，公众的环保意识强，对化石燃料的排放高度关注。业界分析，欧洲更多是在对抗美国退出《巴黎气候协议》造成的不利影响，继续保持其在二氧化碳减排环保领域的领先地位，同时为欧洲经济振兴寻求新的着力点，谋求新兴产业制高点。中国工

信部副部长在2017年的一个汽车行业论坛上透露，中国也已经开始研究制定禁售传统燃油汽车时间表。经分析，中国对禁售燃油车的考虑更多的是表明中国政府对保护环境、应对气候变化、推进新能源转型的决心和信心。这波禁售燃油车的风潮更多是提议，并未上升到法律或行政法规，同时存在诸多不确定性。我们认为，在电池技术突破之前，在电动汽车成本高、充电桩配套不足和电池回收利用等问题得到有效解决之前，世界各国都不可能大力发展纯电动汽车。从中短期来看，禁售燃油汽车的条件远未成熟，对成品油消费不会造成大的影响。但从长期来看，石油公司必须积极应对汽车电动化趋势，加快转型升级，主动适应汽车技术革命对能源的新需求。

2017年9月，国家发改委等十五部委联合印发了《关于扩大生物燃料乙醇生产和推广使用车用乙醇汽油的实施方案》[21]，要求到2020年乙醇汽油在全国基本实现全覆盖。法规出台的目的是消化陈化粮，提高国内车用燃料市场多元化程度，降低国内原油对外依存度，减少碳排放。2016年，中国汽油消费量为1.20×10^8 t，以10%的替代量计算，如全面推广乙醇汽油，将挤占10%近1200×10^4 t的汽油市场份额，将会给当前以生产成品油为主的炼化企业带来极大冲击和挑战，汽油池结构变化，甲基叔丁基醚、轻汽油醚化组分不能作调和组分；甲基叔丁基醚、醚化等能力将关停或大幅缩减，炼厂装置结构、汽油池组成都将面临调整，对炼厂生产运行、产品质量、投资和经济效益将产生很大影响。

在正视交通替代燃料冲击的同时还要充分认识到提高车辆燃料经济性标准带来的节油潜力。近年来，中国"节约优先"的能源战略取得显著成效，能源利用效率明显提高，尤其是节油成效显著，中国不断提高车用燃料经济性标准，以进一步降低油耗，汽车燃料经济性指标已经大幅提升。中国从2005年7月开始实施乘用车燃料经济性标准，从最初的单车燃料消耗量限值升级到现行的车型限值与企业平均燃料消耗量（CAFC）实际值与目标值比值双重管理，2014年发布《乘用车燃料消耗量限值》和《乘用车燃料消耗量评价方法及指标》标准，到2015年和2020年中国乘用车新车平均燃料消耗量指标（以100km计）分别达到6.9L和5.0L，到2025年中国乘用车新车整体油耗要降至4 L左右。为提升乘用车节能水平，缓解能源和环境压力，促进节能与新能源汽车健康发展，2017年9月28日，工信部等五部委发布了《乘用车企业平均燃料消耗量与新能源汽车积分并行管理办法》[22]（又称"双积分政策"）。强制要求境内乘用车生产企业、进口乘用车供应企业报送其生产、进口的乘用车燃料消耗量和新能源乘用车相关数据，通过汽车燃料消耗量与新能源汽车积分管理平台，开展积分转让或者交易。自2018年4月1日起执行。

3.7 以"互联网+"为特征的新业态蓬勃发展，带来新挑战和新机遇

在以"互联网+"为特征的新业态发展推动下，利用智能制造、智慧加油站、共享经济等新技术、新模式推动传统炼化行业的转型升级，提升行业科技含量和整体竞争力。新业态的表现形式包括：移动互联网、云计算、大数据、物联网等与能源化工相结合的"能源互联网+"；滴滴打车、共享单车、共享汽车、无人驾驶等出行、消费、生活新模式；网购、电商平台、现代物流等新型商业运营模式。具体到炼化业务直接相关的包括智能炼化企业、油品及石化产品开辟电商销售渠道、智慧加油站、传统加油站的非油业务、传统加油站与充电站加氢站相结合以及选择性接入共享单车、共享汽车等共享经济产业链。

"智能工厂"作为炼化行业两化融合的"高级阶段"，将面向全产业链环节，构建全面感知、互联互通、智能决策、主动响应和共享服务的运营模式，实现炼化行业的高效、节能和可持续发展。中国石化的九江石化在智能炼厂的建设方面走在了国内前列，于2015年入选工信部"国家智能制造试点示范项目"。按照"实时化、自动化、模型化、可视化、智能化"的思路，从管理层、生产层、操作层3个层次构建管理、技术、信息平台。九江石化智能工厂建设，提升了管理绩效。一是大幅提升了生产运行和施工作业的本质安全水平，连续7年获评"中国石化安全生产先进单位"；二是环保管理可视化、实时化，全过程监控污染物产生、处理和排放，主要污染物排放指标优于国家标准，处于行业领先水平，连续2年获评"中国石化环境保护先进单位"；三是促进企业效益大幅提升，加工吨油边际效益在沿江5家炼油厂企业排名由2011年垫底提升到2014年首位，此后连续位居沿江炼化企业之首；四是通过组织机构调整、业务流程优化、信息系统深化，企业管理效率提升，人工成本下降，在炼油能力翻番的情况下，与2010年相比，外操室数量减少35%，班组数量减少13%，员工总数下降12%。九江石化由于推进"智能工厂"建设，每年增加效益2亿~3亿元。

自2017年以来，共享经济飞速发展。共享单车、共享电动汽车、共享出行（拼车）飞速发展，其中以共享单车发展最快；共享经济的发展将替代少量成品油消费。据统计，2017年1—6月共享单车、共享汽车和共享出行对汽油消费增量下降的贡献率分别为2.7%、0.8%和5.8%，预计全年减少油品消费54×10^4 t，占当年汽油消费总量的0.45%，影响汽油需求增长0.6个百分点。预计到2020年，共享经济将替代成品油消费400×10^4 t/a，仅占"十三五"规划目标中成品油年消费的0.45%，短期看对油品消费的冲击较弱，但从长期来看，共

享经济会对出行方式、消费模式以及企业运营模式产生极大的冲击,甚至颠覆式的影响,必然会相应推动传统能源产业的变革与转型发展。

4 关于中国炼化行业转型升级的思考

4.1 持续推进供给侧改革,保持产业健康有序发展

推进供给侧结构性改革,保持产业健康有序发展是中国经济发展进入新常态的必然选择,也是炼化产业提质增效、转型升级和健康发展的基础。去产能、调结构是炼化产业推进供给侧结构性改革的主要手段。

推进供给侧结构性改革需要政府和企业的共同努力。首先,必须积极发挥政府调控引导作用,完善相关法规政策和标准体系,依法维护公平市场环境,激发企业活力和创造力。政府层面需要统一科学规划,要综合考虑区域定位、资源供给、环境容量、安全保障、产业基础等因素,优化石化产业布局,有序推进石化产业基地建设,使炼油及化工新建项目有序进入石化产业基地,要严格监管,严控目前规划以外炼油项目的建设。其次,适时调整石化产业准入和许可条件,通过提高对产品质量、安全、环保、节能、职业卫生等方面的要求,限制不符合条件的项目落地。对于新建炼油产能,在单位产品能耗、水耗、污染物排放等方面进一步强化国家标准,如严格执行新建装置的单位产品综合能耗、单位能量因数能耗、取用水定额等;对已有产能的相关标准和要求也要逐步提高,最终与新建产能一致。再次,要完善落后产能淘汰标准,加快淘汰工艺技术落后、安全隐患大、环境污染严重的落后产能。同时研究制订产能置换方案,充分利用安全、环保、节能、价格等措施,推动落后和低效产能退出,为先进产能创造更大的市场空间,将"严格控制新增过剩产能,加快淘汰落后产能"落到实处。

对炼化企业来说,应当坚持内涵发展,优化现有装置,做好装置改造。提高产品技术含量和附加值,避免低水平重复建设,避免与同类企业在中低端领域恶性竞争。结合国家油气体制改革,加快混合所有制改革,推进专业化重组,保护和培育先进产能,淘汰落后产能、促进转型升级。根据企业各自特点,区别对待,做强一批,稳定一批,转型一批,淘汰一批。做强一批是指对于炼油先进产能,通过改善环境竞争力强化生存能力,通过提升增值能力强化盈利竞争力,通过装置结构调整、产品结构调整强化市场竞争力,并以增量和存量相结合,打造大型石化集群基地。稳定一批是指消除制约企业效益获取的瓶颈,满足基本的安全、环保、质量升级等要求,保证其基本盈利能力。转型一批是

指对于长期亏损企业，采取综合改革手段，实现向化工转型发展，退出炼油业务。淘汰一批是指对产能落后、有严重安全或环境隐患且治理无望的企业，要坚决予以关停，淘汰落后产能。

4.2 推进炼化一体化，加快炼厂从燃料型向燃料—化工原料型转型

炼化一体化具有能最大限度优化利用原油资源、综合利用副产品和中间产品、优化配置各项公用工程、降低生产成本及建设投资、发挥规模效益、增强企业抗风险能力、提高企业盈利能力的作用，是国内外炼化行业长期以来坚持的发展策略。在当前油价较低的时期，炼化一体化对于缓解炼油能力过剩、应对产品需求结构调整、增产化工原料、提高生产灵活性、提升产品附加值等方面具有更加积极的意义。有关机构的分析数据表明，与同等规模的炼油企业相比，采取炼油、乙烯、芳烃一体化，原油加工的产品附加值可提高25%，节省建设投资10%以上，降低能耗15%左右。

中国已经建成运行的炼化一体化企业共有19家，包括中国石化的镇海炼化、扬子石化、燕山石化、上海石化、齐鲁石化、天津石化、广州石化、武汉石化等，中国石油的大庆石化、吉林石化、抚顺石化、辽阳石化、四川石化、兰州石化、乌鲁木齐石化、独山子石化等，而中国炼厂总量高达200多家，炼化一体化企业占比不足10%，炼化一体化程度低在一定程度上制约了炼化产业的高质量发展。根据《石化产业规划布局方案》要求，中国新建炼油项目要按照炼化一体化、装置大型化的要求建设。这意味着在规划期内，中国不会有单独的炼油项目获得审批，新增的均是炼化一体化的项目。同时，"十三五"期间，国家发改委规划了大连长兴岛、上海漕泾、广东惠州、福建古雷、河北曹妃甸、江苏连云港、浙江宁波七大石化产业基地，未纳入《石化产业规划布局方案》的新建炼化项目一律不得建设。中国石化也计划建成茂湛、镇海、上海和南京4个炼化一体化基地，以充分利用原油资源，实现效益最大化。中国的地炼企业以往多是按照最大量生产汽柴油为目标设计的，很少建有下游化工配套装置，但近年来部分实力较强的地炼正按照炼化一体化的发展思路，向下游乙烯和芳烃产品链延伸，如浙江石化、盛虹石化、恒力石化三大民营炼化项目，均按照炼油、乙烯、芳烃一体化设计。按照目前的规划，"十三五"期间，上述三大民营炼化一体化项目将建成投产。

面对中国石油对外依存度逐年攀升、炼油能力出现过剩、油品需求增速趋缓、乙烯产能不足、高端石化产品需求空间巨大的形势，推进炼化一体化，加快炼厂从燃料型向燃料—化工原料型转型是实现中国炼化行业可持续发展的关

键路径。炼油企业将从大量生产成品油转向多产高附加值油品和高附加值化工原料，尤其是增产低碳烯烃、芳烃和化工轻油，以进一步拓展炼化行业发展空间。炼化一体化主要通过催化裂化、催化重整、加氢裂化来实现。催化裂化多产低碳烯烃是实现炼化一体化的关键技术之一，今后将在多产丙烯催化剂和工艺方面进行持续的开发和改进；催化重整的功能将更多地转向生产芳烃；加氢裂化现在可以生产优质催化重整原料和乙烯原料，未来将向全化工型加氢裂化转变。选择炼化一体化方案要区别对待，对现有炼化一体化企业，继续保持原有炼化一体化的优势，延长精细化加工产业链，提高高值石化产品，考虑从炼油—乙烯一体化向炼油—乙烯—芳烃一体化发展，建设一体化基地；对现有燃料型炼厂，通过原油、原料资源内部优化优先配置，产品结构优化调整和资源综合利用，在满足汽柴油等大宗油品需求的同时以多产化工原料为主；通过集约化、基地化发展，加快推进大连长兴岛、河北曹妃甸、江苏连云港、上海漕泾、浙江宁波、广东惠州、福建古雷七大石化产业基地建设和升级。

4.3 做好油品质量升级，推进产品结构调整

中国成品油需求结构已发生明显改变，汽油和煤油刚性需求继续快速增长，柴油消费已经下降，2016年柴汽比进一步降低至1.39。国ⅥA车用燃料标准拟于2019年实施。面对市场需求不断变化和清洁燃料质量要求不断提高的挑战，今后中国炼油业的主要任务是在控制炼油能力过快增长的同时，努力调整装置结构和产品结构，以达到更加高效地利用石油资源、生产过程清洁化和油品质量升级、满足市场需求的产品结构、降低柴汽比以及多产化工原料等目的。严格按照国家和北京等部分地区油品标准执行时间，保障油品供应。为提高效益和竞争力，加大技术创新力度，持续开展国Ⅵ汽柴油技术攻关，降低升级成本。增加烷基化油、异构化油等能力，提高高标号汽油比例。

降低生产柴汽比，增产高附加值油品以及低碳烯烃、芳烃产量的措施包括提高催化裂化装置负荷，拓宽催化裂化原料，增产汽油。调整操作，减产直馏柴油、焦化柴油，减少柴油产量。优化柴油流向，将劣质柴油转化为高辛烷值汽油组分和乙烯芳烃原料。增产航煤、润滑油、沥青、石蜡产品。

4.4 加强化工产品结构调整，增产高端、高附加值产品

中国石化产品存在结构性的过剩和短缺，低端通用料过剩，而高端的专用料对外依存度高，市场占有率低。一些高附加值和高技术含量的化工新材料，产能严重不足，甚至是空白。以聚烯烃为例，国内聚烯烃产品结构不合理，低端通用产品过剩，高端专用料自给率低至39%，存在较高的对外依存度，结构

性短缺矛盾突出。总体来看,高端化工新材料具有广阔的市场空间。

加强化工产品结构调整,增产高端产品可以从以下几个方面考虑。一是推进乙烯原料轻质化与多元化,增加油田伴生气、凝析油等轻烃资源的利用,提高乙烯原料品质,为产品高端化提供原料保障。二是根据用户需求开发生产高附加值、差异化产品,改变通用产品同质化竞争的局面,重点开发家电料、管材料、车用料、医用料、高性能膜料等合成树脂和环保橡胶产品。三是加强产业合作,发挥各自优势,建成产—研—销—服务一体化战略联盟。四是高度重视化工新材料的研发,特别是高端聚烯烃、高性能合成材料、高端专用化学品的研发。

4.5 高度重视安全环保和节能减排,建设本质安全、清洁环保型炼化企业

为了应对日趋严苛的安全环保节能减排要求,贯彻落实党的十九大关于加强生态文明建设的战略部署,促进炼化行业与生态环境协调发展,炼化企业必须进一步提高能源资源利用效率、降低污染物产生和排放强度,促进绿色循环低碳发展,积极推行清洁生产,努力建设本质安全、资源节约型、环境友好型企业。加强节能减排,加强环境保护,实现企业与社会、环境的协调发展已成为高能耗、高排放的炼化行业义不容辞的责任。

在减少污染物排放方面,首先做好源头控制,通过燃料结构的优化以及节能的深化来降低碳排放;通过全厂用水系统的优化,增加回用水的利用,实施用水管理制度来节约新鲜水量;通过改善催化裂化原料,采用整体煤气化联合循环发电系统(IGCC)技术等措施减少源头的氮氧化物排放;通过采用清洁的炼化工艺、先进的设备和材料、精细化管理、泄漏监测与维修程序等控制挥发性有机污染物的排放。在污水处理方面,采用清污分流、污污分流的原则,最大限度地回收利用;在氮氧化物减排方面,加大对动力锅炉烟气、催化裂化再生烟气的治理;在削减挥发性有机物方面,针对轻质油品储存和装卸过程中逸散烃类,采用低温馏分油吸收技术、吸附+吸收技术、冷凝+吸附技术、吸收+膜技术等回收;在二氧化碳减排方面,积极探索资源化利用途径,如开展二氧化碳捕获—提高油田采收率,探索以二氧化碳为原料直接合成高附加值化学品(如甲醇、二甲醚、乙烯、丙烯等)的利用,实现二氧化碳捕获与利用相结合。对于新建和搬迁项目,必须执行严于国家及地方的现行标准,达到世界一流水平。

在节能方面可采取建立联合装置及集成设计、合理利用蒸汽和低温热能、应用新型节能技术以及实施能量系统优化等措施。采用燃气轮机技术可有效提

高热电综合效率,如采用燃气轮机—蒸汽联合循环、燃气轮机—加热炉联合循环,以提高热电综合效率。合理利用蒸汽和低温热能,包括提高蒸汽转换效率,降低供汽能耗;实现分级供热,蒸汽逐级利用;改善用汽状况,减少蒸汽消耗等。其他的新型节能技术还包括机泵变频调速技术、精馏装置节能技术、热泵技术、超临界萃取技术等;实施能量系统优化,包括热回收换热网络系统及蒸汽、动力、冷却等公用工程,合理利用炼厂气(含轻烃和氢),回收利用"三废",提高产品品质。

4.6 重视煤化工冲击,密切关注行业进展,探索煤化工与石油化工的融合发展

经过多年努力,中国现代煤化工产业已取得重大突破,关键技术水平已居世界领先地位。根据预测,到2035年,煤炭在中国能源消费结构中的比例仍然最高,该资源禀赋特点决定了在中国发展煤化工势在必行。2016年12月,总投资550亿元的全球单套装置规模最大的煤制油装置——神华宁煤$400×10^4$t/a间接液化合成油装置投产。习近平总书记批示:"这一重大项目建成投产,对我国增强能源自主保障能力、推动煤炭清洁高效利用、促进民族地区发展具有重大意义,是对能源安全高效清洁低碳发展方式的有益探索,是实施创新驱动发展战略的重要成果。"为规范引导煤化工产业有序发展,政府在2017年出台了《煤炭深加工产业示范"十三五"规划》《现代煤化工产业创新发展布局方案》[24]等相关政策,明确了以产业技术升级示范为首要任务,提出了"自主创新,升级示范;量水而行,绿色发展;严控产能,有序推进;科学布局,集约发展"的煤炭深加工产业示范发展原则和"坚持创新引领,促进升级示范;坚持产业融合,促进高效发展;坚持科学布局,促进集约发展;坚持综合治理,促进绿色发展"的现代煤化工产业创新发展原则。

对石油化工行业而言,应根据国家对煤化工产业发展的规划,按照循环经济理念,积极探索与煤化工的融合发展,延伸产业链,壮大产业集群,提高资源转化效率和产业竞争力。首先考虑煤制氢,在部分炼厂新建煤制氢装置,将煤制氢作为炼厂降本增效的有效手段,还可考虑利用煤化电热一体化集成技术,建设集原油加工、发电、供热、制氢于一体的联合装置,降低制氢成本;考虑联合开展或介入煤制烯烃、煤制油升级示范,探索煤制芳烃技术示范。此外,研究开发直接液化、费托合成、煤油共炼等煤制油技术,以及新一代甲醇制烯烃、合成气一步法制烯烃等技术。考虑发挥现代煤化工与原油加工中间产品互为供需的优势,开展煤炭和原油联合加工示范。同时必须密切关注煤化工相关产业的政策与发展动态,2017年2月10日,国家七部委研究同意给予煤制油示

范项目免征5年消费税的优惠政策,目前该政策尚未执行,一旦正式执行,煤制油盈亏平衡点降至50美元/bbl左右,将具备盈利能力,对油品市场冲击必然加大。2017年11月28日,神华集团和国电集团合并重组成立了国家能源集团,这是近年来最大规模的央企重组,资产规模超过1.8万亿元,拥有世界最大的煤炭生产公司、世界最大的火力发电生产公司、世界最大的可再生能源发电生产公司和世界最大煤制油、煤化工公司。重组成立国家能源集团是国家深入推进供给侧结构性改革、深化国资国企改革、践行"4个能源革命"、保障国家能源安全的重大举措,有利于做强做优做大中央企业,加快培育具有全球竞争力的世界一流能源集团,提升中国在国际能源市场的话语权和影响力。重组成立国家能源集团,对其他央企而言也是一个重要信号,预示着国家将加快大型国企重组步伐,也有望倒逼和引导其他一些能源企业效仿重组,这也正是中国能源体制革命的重要方向。

4.7 落实"一带一路"倡议,推动炼化业务国际化

"一带一路"沿线64个国家(不包括中国)的人口约占世界总人口的48%,人均GDP仅为世界平均水平的36%左右,未来经济发展潜力巨大。"一带一路"倡议将带动提升区域整体发展水平,促进沿线国家炼化业务发展。中国作为世界第二炼油大国,拥有自主先进炼化技术以及强大工程建设能力,而"一带一路"沿线国家的丰富资源及广阔市场将为中国石油企业提供上游油气资源和下游炼化业务合资合作的机遇,也将为中国工程公司参与国际建设服务提供机遇。

多措并举推动产品和技术走出去,扩大海外市场份额。2015年,"一带一路"沿线64个国家中有45个国家存在成品油供需缺口,其中印度尼西亚、埃及等国成品油缺口较大,因此可以加大成品油(特别是柴油)出口力度;针对部分"一带一路"沿线国家化肥需求上升现状,转让、输出过剩化肥产能;推进炼油化工装备和技术走出去,开展技术转让、工程承包、设计建设、运营维护等服务,扩大催化剂、烟气轮机、滑阀等产品物资装备出口,提升经济效益。

加快国内自营炼化企业合资合作步伐。创新合作方式,优选国际公司或资源国相关公司为合作伙伴,拓展炼化下游业务合作,选择现有企业进行全方位合资合作,盘活存量资产,提高技术和管理水平,如对规划待建的炼化国际合作项目,可考虑与就近企业开展产能合作的替代方式进行。

充分发挥中国传统石化产业比较优势,结合"一带一路"倡议,积极开拓国际市场,转移国内过剩产能,可根据沿线各国炼油产业基础和市场特点,针

对性地采取成品油出口、建设海外石化产业园区、在国外独资或合资兴建炼厂、转让出口炼油技术和催化剂产品、工程承包和建设、炼厂运营维护、装备设备出口、金融投资等多种灵活方式,与沿线国家实现互利共赢。积极推动炼油、烯烃等优势产业开展国际产能合作,鼓励外资参与国内企业兼并重组,支持中国大型石化企业开展跨国经营,提前做好风险应对预案。

4.8 正确认识电动汽车、乙醇汽油发展对炼化行业的影响,密切关注适时介入相关产业链布局

电动汽车、天然气汽车、乙醇汽油等交通替代燃料快速发展,对传统油品市场逐渐产生冲击。必须清醒地认识到虽然电动汽车、乙醇汽油等交通替代燃料的快速发展会对传统炼化行业带来巨大挑战,但石油在交通能源中的主导地位在未来较长一段时间内不会改变,替代燃料的发展也为炼化行业带来新的发展机遇和产业变革的推动力。绝大多数国际大石油公司已经涉足新能源领域,主要有太阳能光伏、风能、生物质能、氢能和燃料电池等,壳牌、BP、雪佛龙等公司在这些领域已经进入商业运作阶段,大型国际石油公司正在逐步实现由石油公司向能源公司的转变。

国内石油公司在保证传统能源投资的前提下,需积极投资新能源领域,及早抢占能源领域制高点,为未来能源竞争和企业永续发展提前布局。对于新能源汽车市场,石油公司不具备大型车企在汽车市场上的优势,不适合介入新能源汽车市场,建议在汽车轻型化复合材料、动力电池隔膜用专用树脂、高效储氢材料、高强度普通碳纤维、低成本质子交换膜及低成本制氢等擅长领域开展技术攻关和产品开发,推动炼化业务向新能源汽车产业延伸发展。对于生物燃料领域,石油公司应发挥技术特长,围绕乙醇汽油推广开发新一代纤维素乙醇生产技术,以及重点围绕避免贵金属催化剂、降低能耗物耗、提高液收,开发新一代生物航煤、生物柴油耦合工艺技术。此外,国内石油公司应充分利用自身产业和技术优势,布局建设天然气加气站、电动车充电站和充电—加油一体站,以及氢燃料电池汽车加氢站,推动产业链优化升级和延伸。

4.9 加快传统炼化行业与先进信息化技术的深度融合,推进智能炼厂建设

当前新一代信息技术与制造业深度融合,正在形成新的生产方式、产业形态、商业模式和经济增长点。将先进的制造模式与网络技术、大数据、云计算等数据处理技术相融合的信息化管控技术在炼化企业生产经营管理中的应用越来越广泛,智能工厂成为炼化行业发展的必然趋势。

《中国制造2025》和《石化和化学工业发展规划(2016—2020)》均明确

提出打造智能炼化企业的要求,以大数据、云计算等为代表的新一代信息技术与炼化行业的深度融合,对中国适应经济新常态下市场需求增速下降、行业产能过剩的挑战,对加快中国石化流程型行业的结构调整、提质增效和转型升级具有重要的战略意义。

推进炼化行业与先进信息化技术的融合,一是要加快改造炼化生产模式,从管理、科研、生产、销售、物流等各环节促进工业互联网、云计算、大数据的综合集成应用,并实现整个供应链的协同运行,实现资源优化利用、降本增效、安全平稳运行的目标;二是要加快推进试点智能工厂的建设,积累经验,带动全行业核心竞争力和可持续发展能力的提升;三是加快产品全生命周期管理、客户关系管理、供应链管理系统的推广应用,加快炼化企业与服务业的融合,促进生产型制造向服务型制造转变,发挥产品销售的服务附加价值;四是制定互联网与炼化行业融合发展的路线图,根据炼化行业的生产特点和产品特征发展基于互联网的个性化定制、云制造等新型制造模式,在研发和生产方式与消费需求及市场动态变化之间建立更加密切的联系及响应机制。

4.10 加快炼化科技创新,引领产业可持续发展

党的十九大提出了加快建设创新型国家的伟大号召。强调必须坚定不移地贯彻"创新、协调、绿色、开放、共享"的五大发展理念,把创新放在首要位置。加快建设创新型国家,创新是引领发展的第一动力,是建设现代化经济体系的战略支撑。必须坚定实施科教兴国战略、人才强国战略、创新驱动发展战略、乡村振兴战略、区域协调发展战略、可持续发展战略、军民融合发展战略。其中,科教兴国战略、创新驱动战略充分凸显了科技创新的重要性。《"十三五"国家科技创新规划》提出了与炼化行业相关的重点科技创新方向,包括新材料技术、清洁高效能源技术、电动汽车智能化等现代交通技术、氢能和燃料电池等颠覆性技术等多项任务。中国炼化行业要保持可持续发展,必须瞄准世界前沿,聚焦国家战略和经济社会重大需求,着力提高自主创新能力,才能实现"炼化强国梦"。能源行业的创新驱动发展,将不再只是对传统技术的升级换代,而更多的是跨行业、跨领域的技术集成与交叉融合。综合世界炼化技术前沿和国家能源技术发展方向,中国炼化行业不仅要做好传统主流工艺技术的升级换代,也要着力开展创新性技术的研发。

加强传统炼化技术升级换代,持续推动技术进步。重视催化裂化、加氢裂化、加氢精制等技术升级换代;发展悬浮床加氢、沸腾床渣油加氢和浆态床渣油加氢等劣质重油加工技术;大力发展烷基化、异构化技术;加大润滑油Ⅲ类

基础油、高端合成树脂、合成橡胶等产品研发。

加强创新性、颠覆性技术研发，及早部署，占领制高点。持续开展分子炼油技术攻关研究；加快原油直接裂解制乙烯技术的开发应用，实现乙烯裂解原料的低成本；加强催化剂、新材料研发，通过与国内外一流科研院所、大学合作开发新结构分子筛、等级孔氧化铝、纳米金属硫化物等催化剂合成技术，以及智能材料、纳米材料、石墨烯、MOFs材料、极端环境用材料等前沿性材料，提早布局；大力发展煤、天然气等碳一化工技术研究，密切关注可燃冰开发利用进展；开展先进生物燃料、生物基化学品等研究，做好技术储备，引领炼化产业可持续发展。

参 考 文 献

[1] IMF. World Economic Outlook Update［EB/OL］.（2017-10-01）. https：//www.imf.org/en/Publications/WEO/Issues/2017/09/19/world-economic-outlook-october-2017.

[2] 国家统计局. 中华人民共和国2016年国民经济和社会发展统计公报［EB/OL］.（2017-02-28）. http：//www.stats.gov.cn/tjsj/zxfb/201702/t20170228_1467424.html.

[3] 国家统计局. 2017年三季度我国GDP初步核算结果［EB/OL］.（2017-10-20）. http：//www.stats.gov.cn/tjsj/zxfb/201710/t20171020_1544259.html.

[4] 新华网. "十三五"规划纲要（全文）［EB/OL］.（2016-03-18）. http：//sh.xinhuanet.com/2016—03/18/c_135200400.htm.

[5] BP Corporation. BP Statistical review of world energy June 2017［EB/OL］.（2017-06）. http：//www.bp.com/content/dam/bp/en/corporate/pdf/energy-economics/statistical-review-2017/bp-statistical-review-of-world-energy-2017-full-report.pdf.

[6] BP Corporation. BPenergy outlook 2017edition［EB/OL］.（2017-01）. http：//www.bp.com/content/dam/bp/pdf/energy-economics/energy-outlook-2017/bp-energy-outlook-2017.pdf.

[7] Exxon Mobil. 2017 Outlook for Energy：A View to 2040［EB/OL］.（2017-01）. http：//cdn.exxonmobil.com/~/media/global/files/outlook-for-energy/2017/2017-outlook-for-energy.pdf.

[8] 国家发展改革委. 国家发展改革委、国家能源局关于印发能源发展"十三五"规划的通知［EB/OL］.（2016-12-26）. http：//www.ndrc.gov.cn/zcfb/zcfbtz/201701/t20170117_835278.html.

[9] IEA. Oil market report［EB/OL］.（2016-06-14）. https：//www.iea.org/media/omrreports/fullissues/2017-10-12.pdf.

[10] Robert Brelsford. Refiners shuffle, shed, upgrade assets to maintain competitiveness［J］. Oil & Gas Journal, 2016, 114（12）：24-26.

[11] 徐海丰. 2016年世界炼油行业发展状况与趋势［J］. 国际石油经济, 2017, 25（4）：80-86.

[12] 中华人民共和国环境保护部. 关于印发《京津冀及周边地区2017年大气污染防治工作方案》的通知［EB/OL］.（2017-3-23）. http：//dqhj.mep.gov.cn/dtxx/201703/t20170323_408663.shtml.

[13] 国家标委会. 车用汽油（GB 17930—2016）［EB/OL］.（2017-2-08）. https：//members.wto.org/cr-

nattachments/2016/TBT/CHN/16_ 5262_ 00_ x. pdf.

[14] 国家标委会．车用柴油（GB 19147—2016）．［EB/OL］．（2017-2-08）．https：//members. wto. org/crnattachments/2016/TBT/CHN/16_ 5261_ 00_ x. pdf.

[15] 交通运输部．交通运输部关于印发珠三角、长三角、环渤海（京津冀）水域船舶排放控制区实施方案的通知［EB/OL］．（2015-12-04）．http：//www. moc. gov. cn/zfxxgk/bzsdw/bhsj/201512/t20151204_ 1942434. html.

[16] 国家标委会．船用燃料油（GB17411—2015）［EB/OL］．（2015-12-31）．http：//gb123. sac. gov. cn/GBCenter/gb/gbInfo? id = 160130.

[17] 国家发改委．关于做好《石化产业规划布局方案》贯彻落实工作的通知［EB/OL］．（2015-05-18）．http：//www. sdpc. gov. cn/zcfb/zcfbtz/201505/t20150529_ 694532. html.

[18] 工业和信息化部．工业和信息化部关于印发石化和化学工业发展规划（2016—2020 年）的通知［EB/OL］．（2016-10-14）．http：//www. miit. gov. cn/n1146295/n1652858/n1652930/n3757017/c5285161/content. html.

[19] 新华社．中共中央国务院印发《关于深化石油天然气体制改革的若干意见》［EB/OL］．（2017-05-21）．http：//www. gov. cn/zhengce/2017-05/21/content_ 5195683. htm? gs_ ws = tsina_ 636312136803880184.

[20] 政府网．国务院办公厅关于推进城镇人口密集区危险化学品生产企业搬迁改造的指导意见［EB/OL］．（2017-09-24）．http：//www. gov. cn/zhengce/content/2017-09/04/content_ 5222566. htm.

[21] 政府网．《关于扩大生物燃料乙醇生产和推广使用车用乙醇汽油的实施方案》印发［EB/OL］．（2017-09-13）．http：//www. gov. cn/xinwen/2017/09/13/content_ 5224735. htm.

[22] 工信部．乘用车企业平均燃料消耗量与新能源汽车积分并行管理办法［EB/OL］．（2017-09-27）．http：//www. miit. gov. cn/n1146295/n1146557/n1146624/c5824932/content. html.

[23] 国家能源局．国家能源局关于印发《煤炭深加工产业示范"十三五"规划》的通知［EB/OL］．（2017-02-08）．http：//zfxxgk. nea. gov. cn/auto83/201703/t20170303_ 2606. htm? keywords =.

[24] 国家发改委．国家发展改革委、工业和信息化部关于印发《现代煤化工产业创新发展布局方案》的通知［EB/OL］．（2017-03-22）．http：//www. ndrc. gov. cn/gzdt/201703/t20170323_ 841868. html.

炼油技术新进展

朱庆云　任文坡　乔　明　郑丽君

纵观全球炼油业的发展，近年来炼油技术的主要发展趋势依然集中在以下5个方面：一是汽柴油质量升级；二是产品结构调整；三是炼油化工一体化；四是清洁生产技术；五是资源最大化利用技术。在最大化利用有限资源前提下，适时调整油品结构，满足不断变化的油品市场需求和化工原料的供给，满足不断严格的环保法规等是炼油业持续发展的关键，也是炼油业技术不断更新换代的动力所在。炼油技术发展的动力一是源于新建企业的需求，二是对现有企业在用技术的更新换代。据有关机构完成的《全球炼厂建设展望》（WRCO）报告统计分析，全球已公布的新建炼厂和炼厂扩能项目共计223个，预计到2021年将有106个项目[1]，其中仅有19个是新建炼厂，其余为现有炼厂的扩能或改造项目，即对当今炼油业来说，对现有技术的更新换代更为迫切。

从代表炼油行业技术发展风向标的美国燃料与石化生产商协会（AFPM）会议近10年的论文报告（表1）不难发现，催化裂化和加氢裂化依然是炼油技术发展的主要方向。

表1　2007—2017年AFPM会议论文涉及的主要领域

主要领域	2007年	2008年	2009年	2010年	2011年	2012年	2013年	2014年	2015年	2016年	2017年
催化裂化	√	√	√	√	√	√	√	√	√	√	√
加氢处理/裂化	√	√	√	√	√	√	√	√	√	√	√
催化重整				√	√	√				√	
烷基化									√	√	
重油改质与加工	√	√	√	√	√						
润滑油生产								√			
制氢		√									
原油供应及需求	√	√	√						√		√
天然气合成油			√								
装置优化、安全生产		√		√		√	√				√
生物燃料			√	√						√	
节能减排	√	√									
页岩油加工						√	√				

在炼油技术已经非常成熟的今天,炼油技术发展最突出的表现就是炼油催化剂的更新换代。据催化剂集团(TCG)公司/催化剂集团资源(TCGR)公司称,2015年炼油催化剂的消耗价值69亿美元,最主要的催化剂品种是加氢处理催化剂和催化裂化催化剂,按市场价值计各占40%;销量最大的是烷基化催化剂和催化裂化催化剂,分别占73%和22%。预计2021年消耗炼油催化剂的价值将达到84亿美元[2]。炼油催化剂产品一直有广大的市场,但最近几年发达国家已成为成熟的市场,主要增长发生在发展中国家,特别是亚洲和中东地区。在亚洲国家中,中国是消耗最多的国家,需求增长速度高。为满足全球更严格的燃油标准要求,加氢裂化催化剂和改质催化剂的需求会较快增长,加氢处理催化剂需求同时增长。预计加氢裂化催化剂的年需求增速在某些地区将达到7%~10%,高于传统增长最快的氢加工催化剂品种,降硫催化剂需求增速可能为5%~6%。

在过去20年间,由于油品质量升级的关系,在所有炼油催化剂中加氢处理催化剂技术的发展最为显著,主因有以下3点:一是从21世纪初开始炼厂转向生产超低硫燃料;二是催化原料油加氢预处理需求增加;三是加氢裂化预处理提高中间馏分油收率的需求增加。由于环保法规对交通运输燃料中硫含量的要求不断趋严,全球脱硫能力出现快速增长,这种趋势将延续至2040年。据欧佩克《2016年世界石油展望报告》预计,2016年新增脱硫能力的市场结构为:16.5×10^6 bbl/d 馏分油脱硫能力,约占新增脱硫能力的71%;4.2×10^6 bbl/d 汽油脱硫能力,约占新增脱硫能力的18%;2.5×10^6 bbl/d 减压瓦斯油/残渣油处理能力,约占新增脱硫产能的11%。到2021年将有约 2×10^8 t/a 新增脱硫能力投产,2030年新增 6.85×10^8 t/a,2030—2040年新增 2.8×10^8 t/a,2040年新增 11.5×10^8 t/a,这些新增能力大部分来自亚太地区和中东地区,主要是满足欧Ⅳ标准和欧Ⅴ标准的燃料[3]。脱硫要求的不断提高,助推了炼油加氢能力的增加,加氢技术的增速一直高于原油加工能力的增速。

1 清洁燃料生产技术

1.1 汽柴油加氢技术

全球清洁燃料技术开发较多,应用较为广泛(表2)。正是因为清洁燃料需求的不断增多,全球清洁燃料技术的开发一直在推陈出新。

表2 全球工业化加氢处理技术[4]

许可商	工艺技术/内构件	处理原料	工业化情况
Axens	Prime-G+	直馏汽油及催化汽油	250多套，160多套运行
Lummus Technology	CDHydro	汽油、重整油	18套以上
Lummus Technology	CDHydro/CDHDS, CDHDS+	催化汽油	约30套
EMRE/KBR	SCANfining, SCANfining II	汽油	43套运行
EMRE/KBR	HYDROFINING	汽油、中间馏分油	100套汽油加氢装置，123套中间馏分油装置
EMRE/KBR	EXOMER	汽油	3套
EMRE/KBR	OCTGAIN	催化汽油	1套以上
Haldor Topsoe	焦化石脑油加氢处理	焦化石脑油	16套
AXENS	Benfree	重整油	许可49套，38套运行
CLG	ISOTREATING	直馏汽油和催化汽油	60多套
Dupont	Isotherming	柴油、汽油	许可25套，11套运行
AXENS	Prime-D	柴油	127套
AXENS	Benfree	重整油	49套，38套运行
CB&I	Hydrotreater	石脑油、柴油	30多套
SGS	Hydrotreating Process	汽油、煤油、粗柴油以及减压瓦斯油	180多套装置
EMRE/KBR	DODD	柴油	34套
雅保	CFI	柴油	17套以上
Haldor Topsoe	Conventional hydrotreating	柴油、催化裂化及加氢裂化原料	150多套装置，其中柴油加氢100多套
UOP	Unisar	汽油、煤油、柴油	20套
UOP	BenSat	重整油	10套以上
FRIPP	FHUDS	直馏柴油、焦化柴油、催化柴油	65套以上

1.1.1 汽油加氢技术

Axens公司开发的Prime-G+已广泛应用于全球，截至2016年2月，全球250套以上装置已获许可，其中125套装置用于生产超低硫汽油。该工艺应用范围广，不仅可以处理催化汽油，还可处理焦化汽油或其他含硫馏分；该技术灵活性大，可以根据脱硫要求提供多种不同的方案，可以灵活性地满足其他更加严格的汽油质量标准要求。为满足美国 Tier 3 汽油标准要求，该公司开发并工业化催化汽油脱硫催化剂——HR856，在指定脱硫深度下烯烃饱和程度降低 35%，与其已工业化催化剂 HR806 相比，辛烷值损失降低 0.5~1.0 个单位，活性提高 10 ℉[5]，延长了装置运转周期，这对无须改造后处理装置就可满足 Tier 3 汽油标准的炼厂非常关键。

由雅保公司和埃克森美孚联合开发的催化剂 RT235，采用最优化的载体，金属分散性能好，是一种高活性、高选择性、具有可靠应用业绩的催化剂（已在 20 多套工业装置中应用，盈利能力强），可以最小的投资满足标准变化的要求，应用证明性能稳定。RT235 是其开发的第 2 代催化剂，中型装置的试验结果表明，当脱硫率为 90%~95% 时，RT235 的烯烃饱和程度比 RT225 低 5% 左右。工业装置的实际运转情况表明，RT235 催化剂的寿命在 5 年以上。催化剂使用的灵活性可为炼厂带来更劣质原料处理能力提高和研究法辛烷值提高 1 个单位以上的益处。

Haldor Topsoe 公司的催化汽油选择性加氢处理用的 HyOctane 新系列 3 种催化剂，都是专门用于催化汽油加氢脱硫但不损失辛烷值，都是为了满足美国环保局Ⅲ级汽油标准的要求而开发的。其中 TK-703 HyOctane 是镍钼型 1/10in 四叶形催化剂，TK-710 为钴钼型 1/10in 四叶形催化剂，TK-747 HyOctane 是镍 1/15in 四叶形催化剂[6]。HyOctane 催化剂能够脱硫达到超低硫水平，辛烷值损失很少，长周期运行，产品收率达到 99.9%（质量分数）以上，经济效益好。该系列催化剂具有很高的加氢脱硫活性，辛烷值损失很少，可使任何催化汽油后处理装置都得到更好的收益。

UOP 公司作为炼油技术开发的主要供应商，加大了汽油加氢催化剂的开发力度，主要有 HYT2018 催化剂、HYT2117 催化剂、HYT2118 催化剂和 HYT2119 催化剂。其中，HYT2018 催化剂适于处理高硫催化裂化汽油，在最小化烯烃饱和情况下可以降低辛烷值损失，据称该催化剂的运行周期可达 10 年；HYT2117 催化剂可将硫化物和硫醇一类的低硫化合物转化成具有较重沸点的硫化合物，通过双键异构化提高汽油的辛烷值，并可使装置初始运行压降损失最低；HYT2118 催化剂是 HYT2018 催化剂的升级产品，与 HYT2018 催化剂相比辛烷值提高 0.9 个单位；HYT2119 催化剂可进一步减少装置初始运行期间的压降[7]。

1.1.2 柴油加氢处理催化剂

Haldor Topsoe 公司的第 2 代 HyBRIM 催化剂 TK611，可以提高炼厂柴油加氢处理和加氢裂化装置的经济效益。使用这种脱氮和脱硫活性比上一代催化剂TK609提高25%的最新催化剂,可以低质量原料实现装置更长周期运转,生产高价值产品并提高体积收率。催化剂TK611能提高用重原料油高压加氢处理生产超低硫柴油的经济效益,也能用于加氢裂化装置的原料油加氢预处理。炼厂可以处理很难处理的原料,延长运转周期几个月,提高体积收率或使装置加工量实现最大化。由于能大大提高最终产品的十六烷值,该催化剂还能提高经济效益。脱氮活性提高,可减少从预处理反应器进入加氢裂化反应器的原料油含氮量,因而可改善整个加氢裂化装置的性能,大幅度减弱加氢裂化催化剂受到的抑制作用,从而使转化率和选择性都得到提高。

雅保公司是柴油加氢处理催化剂的主要供应商之一,其最新开发的STARS系列生产超低硫柴油最新催化剂KF880,适于氢气供应充足的中高压加氢处理装置。该催化剂是其所有镍钼催化剂中加氢脱硫、加氢脱氮及加氢脱芳最强的催化剂,因加氢脱芳性能的改善,该催化剂的应用不仅提高了产物十六烷值,而且提高了产物液收。该催化剂在处理难以处理的原料并生产超低硫柴油的情况下,装置处理量提高25%,运行周期延长25%,体积收率增加0.7%以上。

Axens公司最新开发的用于超低硫柴油生产Impulse系列HR1218和HR1248镍钼最新催化剂,这两种催化剂的加氢脱硫活性比公司现有的催化剂高10℃,加氢脱芳的性能也优于其他同类催化剂,在满足提高柴油十六烷值和最大化体积收率增加的情况下,稳定性好,失活速率低。这些优势得益于催化剂载体的优化等改进,HR1218具有很高的加氢脱氮、脱芳及超强的脱硫活性,特别适于处理来自热裂化和催化转化工艺的原料及其混合原料,不必掺炼直馏柴油。

UOP公司最新开发的柴油加氢处理催化剂HYT6219,可以处理难以处理的原料,如裂化原料、脱沥青油、焦化重瓦斯油、减压重瓦斯油。与上一代催化剂HYT6119相比,其加氢脱氮、加氢脱硫的活性都有所提高。一家处理裂化原料和焦化原料的炼厂采用HYT6219催化剂生产超低硫柴油,产物的硫含量明显降低,十六烷指数提高2个单位,倾点等性能也得以改善。

1.2 高辛烷值汽油组分生产技术

随着越来越多的国家和地区汽油质量升级进程的加速,对优质汽油调和组分的需求更加迫切。烷基化油和重整油等新技术的开发和应用为高辛烷值汽油组分的生产提供了多样的选择,尤其是烷基化新技术的开发在拓展原料、减少废酸排放等方面有了很大进展。

1.2.1 烷基化技术

烷基化油是清洁车用汽油的理想调和组分，随着清洁燃料实施范围的不断扩大，烷基化油生产能力不断提高。现有液体酸烷基化技术的改进除新烷基化技术之外，对已占据全球近45%烷基化能力的硫酸烷基化技术的改进也在不断改进当中。主要烷基化提供商DuPont和CBI等公司，在拓展烷基化原料方面（如以丙烷、丙烯等为原料生产烷基化技术等）技术的成功开发，为受限于以异丁烷为原料的烷基化炼厂提供了发展契机[8,9]。由于现行烷基化技术存在着安全隐患或因废酸处理带来的环境污染等问题，固体酸和离子液体等新型烷基化技术工业应用已取得突破性进展，均有工业化应用装置。

雪佛龙公司的离子液体烷基化新技术ISOALKY™既可用于新建烷基化装置，也可用于现有烷基化装置改造和扩建。该技术具有以下4个特点：一是催化剂是一种采用比传统无机酸催化剂更环保、更先进的氯代铝酸盐离子液体催化剂，常温下呈液态，长期储存安定性好，在烃中的溶解度低，这些性质使其在炼厂较容易处理；二是该催化剂的活性远高于常规矿物酸催化剂（约高60倍），因此该工艺所用的催化剂体积较小，停留时间较短；三是该技术设计了特有的在线再生工艺，将混合聚合物转化为汽油馏程的饱和烃（再生的石脑油）和液化气，避免了因混合聚合物的存在而导致催化剂失活，四是该技术的催化剂和子流程的独特性能在安全方面的体现：减少了酸催化剂的库存，消除了酸催化剂再生时的排放，消除了产物碱洗后产生的废碱液等。该技术与传统烷基化技术的比较见表3。与传统酸催化剂相比，该催化剂表现出了可以处理多种烯烃原料的优越性能，离子液体催化剂的蒸气压可忽略，可现场再生，环境影响小。该技术无论在收率、产品辛烷值、安全和环保性能等方面的收益还是经济性上都优于液体酸烷基化。雪佛龙公司计划将其处理能力为4500bbl/d的氢氟酸烷基化装置改造为使用该技术的装置，2020年投入运行[6]。

表3 ISOALKY™技术与传统烷基化技术对比[10]

项　目	H_2SO_4	HF	ISOALKY™
温度，℉	50～60	95	60～95
压力，psi	60	200	60-200
反应器中催化剂体积,%	50	50～80	3～6
原料湿度要求，μg/g	不严格	<10	<1
烷基化油质量（混合$C_4^=$）	95（RON）	95（RON）	95～97（RON）

续表

项 目	H$_2$SO$_4$	HF	ISOALKY™
烷基化油产率（以1bbl C$_4^=$计）bbl	1.8	1.8	1.8
混合聚合物生成速率（以烯烃计），%（质量分数）	1.0~1.5	约0.5	约0.5
混合聚合物的处理	焚烧	焚烧	转化为石脑油、液化石油气
催化剂补充速率（离子液体，以1bbl烷基化油计），bbl	约400×基准	约2×基准	基准
离线再生	现场再生	现场再生	
安全和环保影响	大量酸的库存，离线再生的酸运输，再生过程中SO$_x$释放	较少酸的库存，挥发性强的HF需要设计控制和特殊的个人防护用品	最少的催化剂库存，催化剂没有挥发性，一体化再生，减少废碱液

Exelus公司用丁烷和甲醇生产烷基化油的M2Alk新技术。以开发固体酸烷基化技术为主的Exelus公司，开发出利用丁烷和甲醇生产烷基化油的新技术——M2Alk技术。该技术是以甲醇和丁烷为原料生产烷基化油，与其他烷基化技术不同的是该工艺无须以轻烯烃为原料。与常规甲醇制汽油（MTG）工艺相比，该技术的主要优点为：一是绝热操作，二甲醚转化为烯烃放出的热量正好为异丁烷转化为烯烃的反应所吸收。二是烷基化油不含芳烃，因此不含均四甲苯，MTG工艺生产的汽油含有的芳烃化合物在25%（体积分数）以上。烷基化油的辛烷值明显高于MTG工艺生产的汽油，马达法辛烷值（MON）高8个单位。三是用廉价的混合丁烷与甲醇原料反应，原料总成本下降近50%。该工艺使用简单的绝热固定床反应器，投资远低于MTG工艺投资。该工艺生产的产品质量与MTG工艺比较列于表4。

表4 MTG工艺与M2Alk工艺产品质量比较

产品质量	MTG工艺	M2Alk工艺
RON	92	93
MON	82	90
密度，kg/L	0.73	0.70
硫含量，μg/g		<1

DuPont公司用丁烷、异丁烯和丙烷生产烷基化油的新技术。烷基化装置的烯烃原料通常来自炼厂的催化裂化和焦化装置，来自石化厂的烯烃只占很小一部分。随着上游水力压裂技术的普及，大量的天然气凝析液（NGL）涌入市场，一些炼油商和石化企业计划在美国和其他国家建设丁烷烷基化（BTA）或丙烷烷基化（PTA）联合装置。这些联合装置将低价值的NGL转化为长期供应不足的高附加值烷基化油产品。据此，DuPont公司开发了分别以丁烷、丙烷和异丁烯为原料的3种烷基化工艺流程方案。其中，BTA联合装置包括1套将正丁烷转化为异丁烷的异构化装置和1套将异丁烷转化为异丁烯的脱氢装置。之后生成的异丁烯，通过烷基化装置生成烷基化油。相似地，PTA装置包括1套将丙烷转化为丙烯的脱氢装置，之后生成的丙烯通过烷基化装置生成烷基化油。丙烷生产烷基化油联合装置生产的烷基化油的质量（辛烷值）不如丁烷生产烷基化油联合装置的烷基化油，因为生产出较多的异庚烷而非需要的异辛烷（烷基化油），但如果丙烷原料比丁烷便宜，用丙烷生产烷基化油就可能比以丁烷为原料生产烷基化油更为经济。第3种方案即以异丁烯为原料的工艺流程方案，将中型装置标定到与加工炼厂烯烃原料的工业STRARCO烷基化装置一样，用100%异丁烯在中型装置得到的结果与STRATCO接触器型反应器所得结果一样好[8]。

CB&I公司工业化技术CDAlky是硫酸烷基化技术领域唯一的实质性突破。该技术表现出显著的灵活性和耐用性，允许进料速率和组成大幅度变化，包括进料杂质浓度明显高于原始原料规格的情况，可以处理100%丙烷原料或掺混C_4（C_5）烯烃原料，也可处理催化裂化C_5烯烃原料，都不会对操作结果产生任何影响。该工艺接触器内部不存在机械搅拌，带来的明显优势是可以使炼厂降低维修成本，提高机械可靠性。先进的反应器设计和分离系统保证了酸相和烃相快速而清晰地分离，从而消除了夹带，提高了酸的利用率，同时消除了烷基化产物中残留硫增加的可能性。该技术目前已许可9套装置，其中运行3套。与其他竞争技术相比，CDAlky技术生产的烷基化油的RON提高1~1.5个单位，酸耗减少30%~50%，大幅节约了运营成本；消除了碱洗和水洗过程，腐蚀速率显著降低[9]。这些优势在中国第1套且已运行4年的工业化装置得到验证。目前，中国有3套装置已投产，还有装置在建设中。

1.2.2 催化重整新催化剂

Axens公司新开发的AxTrap867氯化物保护催化剂已经工业应用。这种新催化剂既可用于固定床催化重整装置，也可用于连续催化重整装置，可以防止氯化物引起重整装置中出现结垢和腐蚀问题。AxTrap867是一种添加了助剂的氧化铝型吸附剂，有1.5~3.0mm和2.0~5.0mm小球两个品种。与其他氯化物保护催化剂相比，该催化剂由于吸附能力提高，可以减少更换频次30%。由于氧化铝型吸附剂固有的高稳定性，因而也能减少绿油的生成并减小压降。此外，还能简化装卸工序。该催化剂自从2016年初问世以来，现已用于全球30多套重整装置[11]。

1.2.2.1 加醇重整技术

重整油是炼厂汽油调和组分中辛烷值的主要贡献者，由美国与俄罗斯合资公司——新气体技术合成公司（NGTS）开发的加醇重整Methaforming新技术，采用新型沸石催化剂，其为一步法工艺，一般工艺方案仅包括Methaforming反应器和产品稳定塔。可以代替石脑油的脱硫、重整、异构化、脱苯等；可以处理硫含量高达1000μg/g的原料，处理原料包括轻质直馏石脑油、全馏分石脑油、低附加值的非常规炼厂石脑油馏分等低辛烷值馏分，对于特殊含硫原料也无须进行预处理，而且烯烃和二烯烃的存在也不会显著影响催化剂的活性和寿命[12]。与加氢处理、异构化、苯还原和催化重整等相关工艺比较，其初始投资成本和操作成本均较低，仅为传统工艺成本的1/3。由该技术得到的产品是富含异构烷烃和芳烃及低苯和烯烃的高辛烷值汽油调和组分，目前已有1套200bbl/d装置，正在建设1套2800bbl/d的工业示范装置。对于富含低辛烷值汽油的炼厂，该工艺提供了一种高效有益的生产高辛烷值汽油的替代方法，其以原料制备最简化、适度的资本和运营成本，实现高辛烷值汽油的产品收益，同时该工艺还可用于闲置处理器或半再生重整装置的改造。此外，在异构化技术领域，除了常规的C_5、C_6异构化技术的阐述之外，一些研究机构已开始开发C_7异构化技术，这为进一步扩大异构化装置原料，提高异构化汽油组分提供了新思路。

1.2.2.2 GTC公司GT-BTX Plus汽油生产技术

该工艺是利用蒸馏抽提方式从油品或富含芳烃的石化产品中回收芳烃和相应的噻吩类硫，可以在不改变汽油辛烷值情况下生产低硫含量汽油，硫含量最低可达10μg/g。其另一用途是回收芳烃生产对二甲苯，而无须常规石脑油重整装置，对于从操作严格的催化裂化装置产品中回收芳烃此工艺更具吸引力。此工艺最适合用于处理催化裂化中段切出的石脑油馏分（理想原料为70~150℃的催化裂化汽油中段馏分），可从催化裂化汽油进料中分离出所有的噻吩硫和部分硫醇硫。富含烯烃的抽余油将直接或碱洗脱除硫醇后用于汽油调和。脱硫后的芳烃抽提物送入石化产品生产装置，无须循环至重整装置。该工艺的特点：

从催化裂化汽油中生产高质量芳烃；降低催化裂化汽油调和组分硫含量；只有噻吩硫需要加氢脱除，减少氢耗；无烯烃饱和；与裂解汽油装置相比，石脑油重整装置的利用率更高，避免了三苯在重整装置中的空转；能够处理更多的石脑油和生产更多的氢气。采用该技术的一套处理量为 40×10^4 t/a 的装置在中国东营开工，该装置是嵌入现有的催化汽油加氢脱硫装置中。自从加入该装置后，辛烷值损失从 4 降低到 0.6；汽油硫含量从 600μg/g 降至 2～7μg/g，氢耗减少 60%[13]。该工艺为满足当今清洁汽油的需求提供了一种有效的解决方案，并使炼厂有能力将低价值的汽油组分转化成高附加值的石化产品。

2 重油加工技术

2.1 催化裂化

催化裂化是炼厂重油二次转化的主要技术手段，在汽柴油生产中占有极其重要的地位。2016 年，全球催化裂化加工能力约为 7.23×10^8 t/a，占原油一次加工能力的 15.8%。催化裂化在化工方面的主要贡献是生产丙烯，是仅次于蒸汽裂解的第二大丙烯来源。2016 年，催化裂化生产的丙烯产量达到 2796×10^4 t/a，约占全球丙烯产量的 28.6%。

2.1.1 MPC 公司连续式催化剂卸料系统

由于催化裂化装置反应器和再生器中的旋风分离器不能 100% 实现催化剂和油气/烟气的分离，因而催化裂化装置在运行过程中存在催化剂跑损现象，必须全天连续注入新鲜的催化剂和添加剂，不仅能够避免循环催化剂活性的突增和骤降，同时确保了装置的平稳运行，以实现最大收益。然而，随着催化裂化装置中催化剂的连续加入，循环催化剂的藏量逐渐增加，使得再生器床层高度增加，需要从再生器中卸出一部分催化剂，以保持催化剂藏量维持在合理范围。目前，所采用的催化剂卸料方法是采用人工卸料（间歇卸料），但由于热催化剂（通常高于 1300 °F）具有很强的磨损性，尤其是在高速输送过程中，催化剂卸料管线容易发生穿孔，存在极大的安全问题，而且由于在管道的弯头和速度较高的区域通常会形成孔洞，卸料速度也不能被很好地控制。此外，间歇卸料也会影响再生器的稳定性和燃烧动力学，且当再生器床层高度降低时，会对热平衡产生影响并直接影响催化剂循环，最终影响催化裂化装置转化率。

采用催化剂连续卸料有可能解决上述间歇卸料所带来的不利影响，这一概念最早由马拉松石油公司提出，并独创了一套连续式催化剂卸料系统（CWS），于 2016 年 3 月在 Garyville 炼厂进行了首套装置的安装使用（图 1），目前这套系统正在运行中。该系统直接嵌入现有的卸料管道中，包括1台隔离阀、1台容积式风机、1台管中管式换热器（冷却催化剂）、1台收集罐（接收冷却的催化剂），以及设有平衡催化剂取样口（无须接触高温催化剂）。此外，整个催化剂卸料系统可以通过炼厂分布式控制系统（DCS）精确监控，使操作具有最大可视性。现场应用结果表明，该系统实现了催化剂的连续卸料，能够精确控制卸料率，更加平稳地控制反应器床层高度及更有效地冷却卸出的催化剂，因而在卸料速度过快时也不会形成高温催化剂，不仅能够避免潜在的安全问题，使装置运行高效平稳，还能提升经济效益，且投资回报期在1年以内。

图1　Garyville炼厂连续催化剂卸料装置[14]

2.1.2　Shell公司改进型进料喷嘴技术

进料喷嘴技术是Shell公司系列催化裂化装备技术之一。30多年来，Shell公司一直对侧部进料（SEF）喷嘴和底部进料（BEF）喷嘴这两类主流喷嘴进行持续的改进工作。由于雾化油气中大液滴的存在会对催化裂化装置可靠性带来负面影响，如在反应器内壁、气体管线上部和/或主分馏器入口处结焦等。

近年来，为减少雾化油气中大液滴的生成，Shell公司开展了蒸汽分布器和进料喷嘴喷头槽口的研发工作，最终形成了改进型进料喷嘴。2016年，Shell公司在2套催化裂化装置上进行了改进型喷嘴的工业应用，结果表明，不仅装置产品结构有所改善、装置收率有所提高，而且提升了装置的操作灵活性，同时减少了反应系统结焦带来的不利影响。以Deer Park炼厂催化裂化装置为例，采用改进型进料喷嘴后，装置转化率提高了1.1%，塔底油收率下降了1.2%，汽油和轻循环油收率增加了1.5%[15]。未来几年，Shell公司还将对4套催化裂化装置进行进料喷嘴的升级改造。

2.1.3 Rive公司和Grace公司合作开发新型催化剂

由于催化裂化提升管反应器的停留时间只有数秒，提高原料和产物进出催化裂化催化剂的扩散速率对提升催化裂化装置效益至关重要。基于Rive公司的介孔分子筛技术，Rive公司和Grace公司合作开发了多种新型Rive催化剂，与常规分子筛催化裂化催化剂相比，Rive催化剂具有改善塔底油裂解能力、降低炭差、减少干气产率等显著特点。该催化剂已在多家炼厂实现工业化，不仅能够较大幅度地提高汽油收率、降低焦炭产率，而且同样证明了该催化剂在特定操作条件下增加丁烯收率方面的潜力。

2016年底，Rive公司和Grace公司开发的新型催化剂在Motiva公司美国炼厂催化裂化装置上完成了工业试验。试验结果表明，在相对于试验之前操作条件基本不变的前提下，剂油比提高12%，再生温度降低20 ℉，干气产率降低6%，C_3以上总液体收率提高1.5%；C_3、C_4烯烃度均有所增加，分别提高约2%和4%，使炼厂液化气价值大幅提高；再生剂康氏残炭含量减少60%，增加了催化剂中有效酸性位数量。此外，尽管催化剂循环量提高了10%以上，但油浆灰分（催化剂磨损/跑损的指标）并没有增加。催化裂化装置性能的提升带来了巨大的经济效益，装置利润提高0.40~1.20美元/bbl[16]。

2.1.4 Grace公司多产低碳烯烃催化剂

汽油需求增长尤其是高辛烷值汽油组分——烷基化油需求的增长推动了丁烯需求的上涨，同时作为基础有机化工原料的丙烯，其需求也在不断增加。此外，随着汽油质量标准的不断提高，汽油中烯烃含量受到限制。因而，将催化裂化汽油中的烯烃转化为丙烯、丁烯等低碳烯烃可谓"一举两得"，既降低了催化裂化汽油中的烯烃含量，又增产了丙烯和丁烯，可显著提升催化裂化装置效益。

为此，Grace公司开发了新型ACHIEVE® 400催化剂和GBA™添加剂，通过优先裂解汽油中C_7以上烯烃，促进反应生成更多的丁烯。ACHIEVE® 400催化剂在UOP公司$5×10^6$ t/a催化裂化装置进行了工业应用，与基准催化剂相比，采用该催化剂增加了丙烯和丁烯选择性，特别有利于丁烯生成，如图2所示。GBA™添加剂提供了一种灵活的方法，在提高丁烯收率的同时保持优良的丁烯/丙烯选择性，相比于传统的低碳烯烃添加剂，GBA™添加剂能够年增加盈利200万~500万美元。在多产丙烯方面，Grace公司开发了新一代ProtAgon™ 4G催化剂和OlefinsUltra® MZ添加剂，采用ProtAgon™ 4G催化剂丙烯收率超过12%（质量分数）。

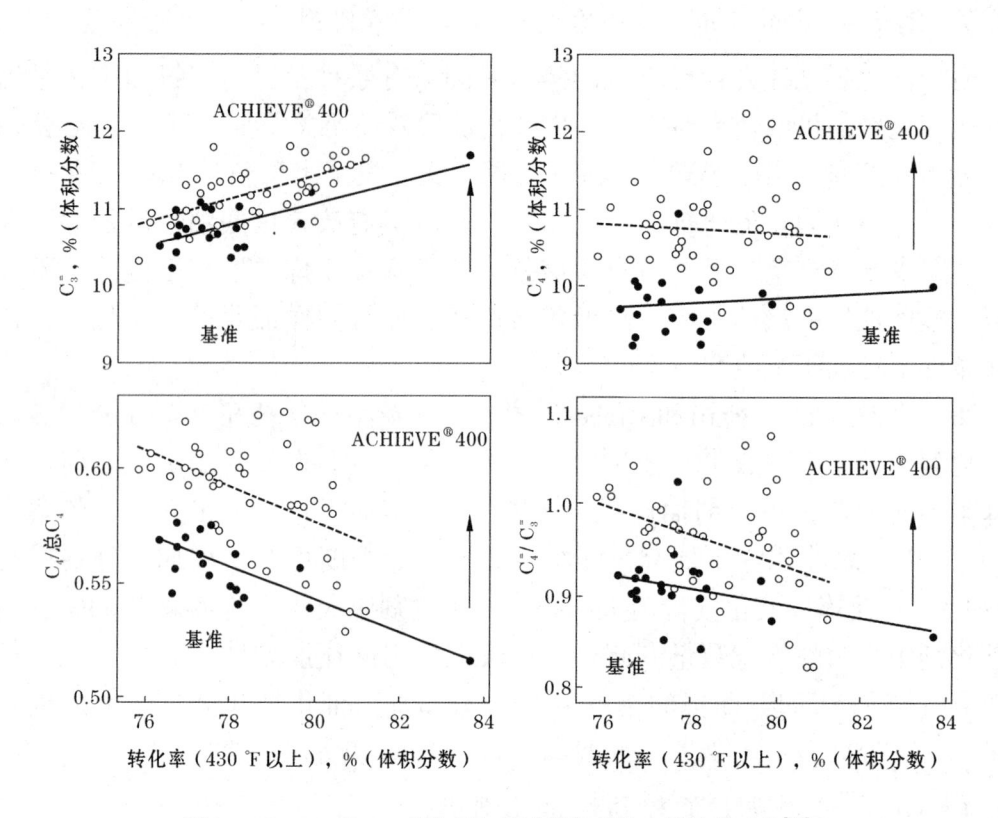

图 2 ACHIEVE® 400 催化剂与基准催化剂的应用结果对比[17]

2.2 渣油加氢

长远来看，原油重劣质化的发展趋势不可避免，能够实现清洁高效转化的渣油加氢裂化技术是应对这一挑战的关键。沸腾床加氢裂化技术已经非常成熟，实现了大规模应用，中国镇海炼化、恒力石化、盛虹石化、山东神驰石化等企业均计划建设沸腾床加氢裂化装置。渣油悬浮床加氢裂化技术具有更高的原料适应性和转化率，且实现了首套装置的工业应用，推广应用前景看好。

2.2.1 沸腾床加氢裂化

溶剂脱沥青（SDA）是渣油加工路线中投资回报率最高的一种技术。目前，炼厂通常采用催化原料加氢预处理（CFHT）装置或加氢裂化装置掺炼源自 SDA 装置的脱沥青油（DAO）。但由于 DAO 中金属和残炭含量高，不利于催化剂的活性和稳定性，严重影响下游装置的长周期运转。

为此，Axens 公司提出了可切换式反应系统（PRS，由多个固定床加氢处理反应器组成，在无须停工的前提下可任意切换，适用于催化裂化或重油催化裂化生产汽油）和 H-OilDC（技术投资较高，产品方案灵活，可以提高柴油产量和液体收率）两种工业应用成熟的解决方案，并进行了对比分析，见表5。研究结果表明，PRS和H-OilDC这两种加工方案均能够有效解决DAO加工目前所存在的难题。其中，PRS技术改造投资成本低、回报速率高，且对装置操作运行影响小，适用于需要利用催化裂化多产汽油的企业；H-OilDC技术改造成本高，适用于对中间馏分油需求高的企业，可实现DAO的100%转化。PRS和H-OilDC技术为炼厂加工金属和残炭含量高的减压渣油提供了技术解决方案。

表5　DAO不同加工方案对比[18]

方案		基础方案	PRS方案	H-OilDC方案
营业利润	百万美元/d	基础	基础+0.31	基础+0.70
	百万美元/a	基础	基础+121	基础+257
项目资本支出（30%内部收益率），百万美元			402	852

2.2.2　悬浮床加氢裂化

固定床、沸腾床等常规渣油加氢裂化技术受到原料质量限制，难以实现高的转化率。为实现渣油深度转化和提高馏分油收率，ENI公司、UOP公司、BP公司、Chevron公司以及中国石油等都在进行渣油悬浮床加氢裂化技术的开发，其中ENI公司的EST技术于2013年10月在全球率先建成了世界第1套工业化装置，加工能力为$135×10^4$t/a，是截至目前唯一一套以渣油为原料的悬浮床加氢裂化装置。

EST工业装置流程如图3所示，前3年运行结果表明，该装置完全达到100%的设计能力，如装置加工量、渣油转化率、产品收率和性质、氢耗和催化剂添加量等，在某些方面甚至超过设计指标。其中，渣油转化率不低于95%，通过与Haldor Topsoe改质技术的优化整合生产出优质产品，其主要性质见表6。

表6　EST产品性质[19]

项目	石脑油	柴油	减压瓦斯油
相对密度	0.707	0.840	0.917
硫含量，$\mu g/g$	<3	<5	<500
氮含量，$\mu g/g$	<3	<5	<500
其他		十六烷指数为50，多环芳烃含量<2.0%（质量分数）	金属含量<1$\mu g/g$

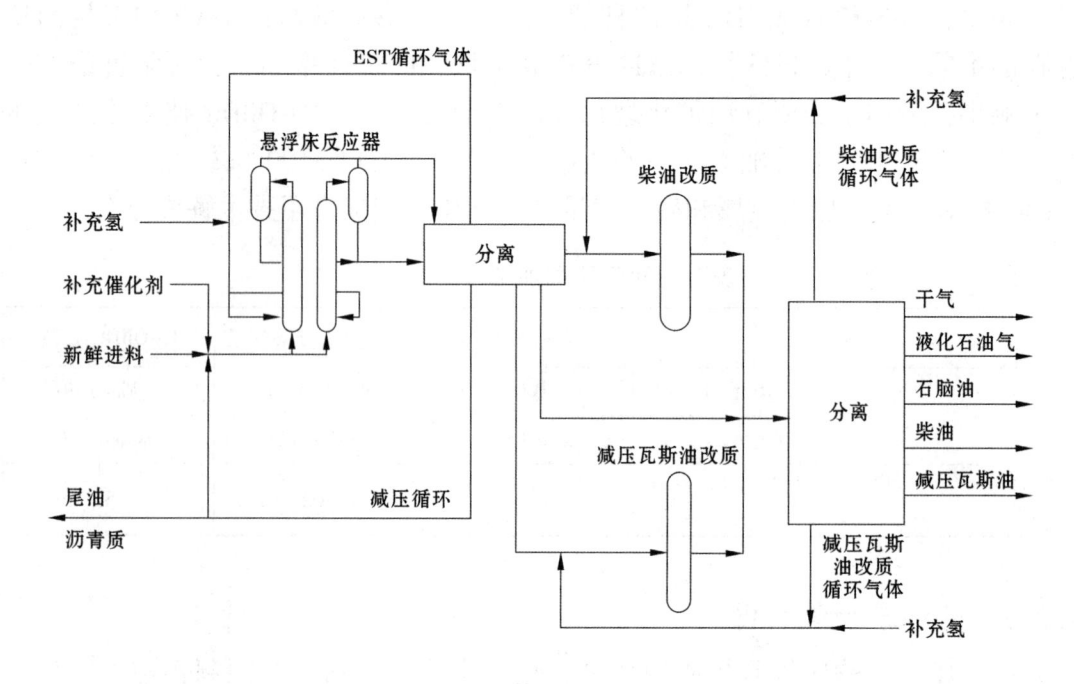

图 3　EST 工业装置流程

2.3　重油热加工技术

印度石油公司为提高延迟焦化装置的液体收率、降低焦炭产率开发了一种添加剂，其反应机理是在缩合反应前提高重质烃类分子的裂化速率。与无添加剂的情况相比，焦炭收率降低4%，中间馏分油和液化石油气收率分别增加3%和1%[20]。对百万吨级的延迟焦化装置来说，采用该技术每年可为炼厂增加1200万美元的利润。

印度斯坦石油公司开发了一种减黏裂化新技术。减黏裂化是一种成熟的热裂化工艺，用于加工减压渣油生产气体、石脑油、柴油等高价值的产品。目标产品收率的提升受到减黏裂化装置塔底油稳定性的限制。减黏裂化的典型转化率（气体+石脑油+柴油的质量分数）为15%~20%，而未转化产物则用作燃料油。由于转化率较低，减黏裂化技术的应用已经不多，需要探索有效提高转化率的方案，以最大限度地提升现有减黏裂化装置的盈利能力。印度斯坦石油公司开发了不同种类的均相催化剂，在不同的催化剂浓度下进行了减压渣油转化的实验室研究。基于实验室研究结果，筛选了一种催化剂进行放大，在加工能力为 1.7×10^4 bbl/d 的减黏裂化装置进行应用，使转化率提高了4.5%（质量分数),新增效益200万美元[21]。

3 多产化工原料技术

多产化工原料,低成本生产化工原料,是炼油业发展的主营业务之一。简化生产过程,降低生产成本,一直是化工原料生产技术的主趋势。埃克森美孚及沙特阿美公司等将原油直接裂化为化工原料的技术不断取得突破,为下游化工业务的发展提供了技术选择。

3.1 原油直接裂化生产化工原料技术

原油不通过炼厂处理而是直接转化为乙烯裂解装置原料是一项全新技术,可以解决乙烯裂解装置石脑油原料不足、装置生产成本高等问题。埃克森美孚公司开发的将原油直接裂化成乙烯裂解装置所需原料的专有技术(crude cracking to chemicals),最为明显的特点是由原油直接裂化生成蒸汽裂解装置的原料以及许多副产物,省略了过去由炼厂将原油转化为石脑油的步骤。原油经过改造后的裂化炉裂化后,可以生产非常宽泛的高价值副产物,这些副产物经过进一步加工处理转化为特殊产品,如副产物可以转化为卤化丁基橡胶以及优质树脂等产品。乙烯裂解装置原本加工由炼厂提供的石脑油原料,但该公司于2014年1月起对该乙烯裂解装置进行扩能及新技术利用改造,可直接由原油裂化提供烯烃生产原料,即新加坡裕廊岛石化基地的蒸汽裂解装置今后既可加工由炼厂提供的石脑油,也可加工由原油直接裂化而提供的相应原料。公司决定在新加坡裕廊岛基地采用该技术对其乙烯裂解装置进行扩能,一是考虑到亚太地区未来的化工产品需求增长;二是可以解决乙烯裂解装置原料不足、生产成本高等难题。该项目的扩能解决了公司以往裂解装置只能依赖石脑油的不利局面,同时提高了裕廊岛基地乙烯等化工产品生产竞争力。该石化基地的扩能改造项目原计划2017年开工运行。经过扩能及新技术改造之后,新建的乙烯裂解装置可以直接加工经过埃克森美孚公司专有技术处理的原料,也可加工由炼厂提供的石脑油原料。通过原油直接裂化为乙烯裂解生产装置的原料,减少了原先由原油经过炼厂处理后提供原料的步骤,使得该项技术的竞争力显著提高。

沙特阿美公司开发了原油转化为烯烃(crude-to-olefin)工艺。与埃克森美孚公司的原油裂化后直接进入乙烯裂解装置的原理有所不同,沙特阿美公司的原油转化为烯烃工艺则是将原油直接送至加氢裂化装置,加氢裂化装置出来的产物包括石脑油、馏分油以及减压瓦斯油。石脑油以及馏分油共同在常规蒸汽裂解炉内裂化，减压瓦斯油则被送至一套采用专有技术的高苛刻度流化催化裂化装置。由 IHS 咨询公司进行的针对埃克森美孚原油直接裂化与以石脑油为原料的常规乙烯裂解装置在收率、主要设备规模以及工艺经济性等方面的对比分析研究表明，在投资成本略有增加的情况下，埃克森美孚公司工艺成本低于常规石脑油裂解工艺，每吨产品生产成本低 100~200 美元。对原油转化为烯烃工艺与常规石脑油裂解装置进行对比分析的结果表明，由于沙特阿美公司工艺受益于副产物价值提升以及价廉的原料优势，在现金成本方面优于常规工艺约 200 美元/t，但该工艺的资本支出明显高于常规蒸汽裂解工艺，因此，IHS 咨询公司综合分析得出的结论是沙特阿美公司工艺在经济性方面略微优于常规石脑油裂解工艺。

3.2 苯、甲苯、二甲苯生产新工艺

日本捷客斯能源株式会社开发了一种由轻循环油生产混合芳烃（BTX）的新工艺。常规的轻循环油生产 BTX 工艺是在加氢裂化装置中，轻循环油在高压氢气环境下转化为重石脑油，重石脑油馏分在催化重整装置中转化成 BTX。这种工艺需要大量氢气和高压反应，并且分两步进行，BTX 收率通常也不高。该公司开发的流化催化芳构化（FCA）工艺可以在不需要氢气的情况下利用轻循环油生产 BTX。在 FCA 工艺中，通过轻循环油中烷基苯的脱烷基反应、环烷基苯的开环反应以及非芳族化合物的脱氢和环化得到 BTX。反应生成的液化石油气和轻石脑油也通过脱氢和环化反应转化成 BTX，BTX 收率可以达到 35%[22]。由于结焦引起的催化剂失活是 FCA 工艺面临的主要挑战。为了解决这个问题，采用循环流化床反应系统来对失活的催化剂进行再生，使反应连续进行。通过改进催化剂的制备过程，可以提高流化床催化剂的耐磨性和流动性，并提高 BTX 收率。此外，调节流化床的反应条件、对轻循环油进行预处理也可以有效提高 BTX 的收率。目前，该工艺已在接近工业化的装置上进行了测试，研究优化了催化剂及反应条件。

4 中国炼油技术发展方向建议

（1）加大低成本汽柴油加氢新技术研发，降低油品质量升级成本。

脱硫技术仍然是油品质量升级的关键，未来国内外脱硫能力的不断增加，必然会使加氢技术的应用走上一个新台阶。因此，成本更低、适应性更强、运行周期更长的汽柴油加氢等新技术的开发必将引领加氢技术的发展方向。

（2）提高烷基化等优质汽油组分生产能力，从根本上改变中国汽油池

组成。

高辛烷值汽油组分生产技术的开发和应用已成为国内外炼油技术发展的主要方向，尤其是在清洁汽油质量标准实施水平高的地区和国家，技术的应用更加迫切。近年来，新型烷基化技术的不断突破和原有液体酸烷基化技术的改进，以及甲醇重整等新技术的出现必将为国内外炼厂高辛烷值汽油组分的生产提供技术支持。

（3）持续完善升级催化裂化工艺和催化剂，充分发挥装置生产的灵活性。

催化裂化在催化剂、工艺和设备方面的研究进展再次证明了现在和将来相当长的时期内，其将依然扮演着连接重质原料和轻质产品的重要角色，相关技术也将不断地发展和完善。原油重劣质化的趋势将使得催化裂化装置原料密度和金属含量越来越高，催化裂化将继续在提高掺渣比、开发抗重金属污染等系列催化剂方面进行升级和完善。汽油质量标准的提高，也将促使降低汽油烯烃含量的催化裂化工艺和催化剂获得新的研发进展。除多产丙烯外，催化裂化将进一步进行其他高附加值化工产品的联合生产，以提升催化裂化装置的盈利能力。

（4）加强渣油加氢裂化技术创新，向工业化进程迈进。

作为目前渣油最高效加工利用的成熟技术，沸腾床加氢裂化技术虽已实现了大规模应用，但该技术仍存在较大的改进空间。未来研发重点将集中在进一步提高原料适应性、转化深度和催化剂寿命及降低催化剂消耗等方面。同时，需要进一步开发、应用沸腾床和其他技术的集成工艺以及未转化尾油的处理工艺。悬浮床加氢裂化技术是当今炼油工业世界级的难题和前沿技术，具有较好的推广应用前景，但需开发高活性、高分散的催化剂及着重解决装置结焦问题。此外，由于悬浮床加工的原料更加劣质，原料中的绝大部分金属、反应过程中的缩合产物以及几乎所有催化剂通常都集中在未转化塔底油中，致使未转化塔底油二次加工性能很差，很难得到加工利用。因此，如何妥善处理和利用未转化塔底油，是悬浮床加氢裂化技术进行工业化和避免环境污染的另一项技术难题和研究方向。

（5）拓宽石化原料来源，降低石化产品成本，减少石化产品进口。

石化产品的需求在不断增加，降低石化产品生产的原料成本，改变原油石化产品生产过程的原油直接裂化生产化工原料等新技术的开发和应用，在石化产品需求旺盛的中国将会得到广泛应用。

（6）加快传统炼油行业与先进信息化技术的深度融合，实现从传统制造向数字化、网络化、智能化制造的转变。

利用智能化技术对炼化企业进行高效运行管控有助于企业提高生产效率和运行可靠性，加快推进先进智能制造方式变革是行业转型升级和可持续发展的重要途径。《中国制造2025》和《石化和化学工业发展规划（2016—2020）》均明确提出打造智能炼化企业的要求，以大数据、云计算等为代表的新一代信息技术与炼化行业的深度融合，对中国摆脱经济新常态下市场需求增速下降、行业产能过剩的困境，对加快中国石化流程型行业的结构调整、提质增效和转型升级具有重要的战略意义。

参 考 文 献

[1] Global refining capacity to expand by 6.9MM b/d to 2021 [J]. World Refining Business Digest Weekly, 2017, 2.13：39.

[2] 石华信. 全球炼油催化剂需求增长情况剖析 [J]. 石油化工要闻, 2017 (15)：14.

[3] 刘晓斌. 全球脱硫产能将进入长期快速增长态势 [J]. 石油化工要闻, 2017 (11)：12-13.

[4] Hydrotreating, and cas processing. Third Quarter 2016. Hydrocarbon Publishing Company：36-37.

[5] Geoffrey Dubin, Delphine Largeteau. Advances in cracked naphtha hydrotreating [C]. AFPM AM-14-38, 2014.

[6] Topsoe offers new FCC gasoline posttreatment catalyst. World Refining business Digest Weekly, 2017, 1.23：44.

[7] Unity^{TM} hydrotreating catalysts [EB/OL]. https：//www.uop.com/wp-content/uploads/2017/06/SPM-UOP-130-UNITY-Hydrotreating-Brochure_LoRez.pdf.

[8] Nicolas Wright, Shane Presley, Randy Peterson. A new era in alkylation – BTA & PTA [C]. AFPM AM-17-10, 2017.

[9] Arvids Judzis, Romain Lemoine, Jackie Medina. From C_3 to C_5 feedstocks, alkylation units are being designed for greater flexibility to take advantage of market dynamics [C]. AFPM AM-17-11, 2017.

[10] Robert Brels ford. chevron's Salt Lake City Refinery Plants Alkylation Unit Revamp, 2016.10.4. [ED/OL]. https：//www.ogi.com/articles/2016/10/chevron-s-salt-lake-city-refinery-plans-alky lation-unit-revamp.html.

[11] Hye Kyung Timken, Steve Arakawa, Don Mohr. ISOLAKY^{TM} technology：next generation [C]. AFPM AM-17-07, 2017.

[12] 张伟清. Axens公司研发出新型重整脱氯剂 [J]. 石油炼制与化工, 2017, 48 (8)：5.

[13] Stephen Sims, Adenivi Adebayo, Elena Lobichenko. Methaforming：novel process for producing high-octane gasoline from naphtha and methanol at lower CAPEX and OPEX [C]. AFPM AM-17-80, 2017.

[14] Richard Kolodziej, Joseph Gentry, Sachin Joshi. Sulfur, Octane, and Petrochemicals. AFPM AM-17-83, 2017.

[15] Martin Evans, Kelly Hedges, Rick Fisher, et al. Improvements in FCCU operation through controlled catalyst withdrawals at a marathon petroleum refinery [C]. AFPM AM-17-45, 2017.

[16] Robert A Ludolph, Jason V VanRoeyen, Kevin A Kunz, et al. Performance assessment of feed nozzle upgrades [C]. AFPM AM-17-46, 2017.

[17] Karthik Rajasekaran, Raul Adarme, Clint Cooper, et al. Motiva unlocks value in the FCCU through an innovative catalyst solution from rive and grace [C]. AFPM AM-17-47, 2017.

[18] Maria Luisa Sargenti. Driving FCC units into maximum propylene to increase profitability [C]. ERTC 21st annual meeting, November 14-16, 2016.

[19] David Schwalje, Eric Peer. Hhydroprocessing and hydrocracking DAO: achieving unlimited cycle lengths with the most difficult feedstocks [C]. AFPM AM-17-35, 2017.

[20] Nicoletta Panariti, Valentina Fabio, Giacomo Rispoli. Eni slurry technology: maximizing value from the bottom of the barrel [C]. AFPM AM-17-16, 2017.

[21] Hari Venkata Devi Prasad Terapalli, Pradeep Ponoly Ramachandran, Satyen Kumar Das, et al. Reduction of coke yield in delayed coking process through use of additive [C]. 22nd WPC, 2017.7.9-13.

[22] Madan Kumar Kumaravelan, Praveen Kumar Singh, Pramod Kumar, et al. Homogeneous catalysis as a promising route to reduce bottom of the barrel [C]. 22nd WPC, 2017.7.9-13.

[23] Yasuyuki Iwasa, Soichiro Takano. FCA (Fluid Catalytic Aromaforming): a newcomer to processes for producing BTX [C]. 22nd WPC, 2017.7.9-13.

炼油工业宏观问题

AM-17-02

美国炼油商能否夺得全球船用燃料油市场桂冠

Alan Gelder（Wood Mackenzie，UK）

何盛宝 译

摘 要 与全球贸易份额相比，北美在全球船用燃料油市场上的份额较低。目前，全球船用燃料油市场主要由高硫燃料油主导。由于美国海湾地区炼油商配置了更为复杂的能够加工重质渣油的深度转化能力，美国高硫燃料油生产成本要高于欧洲。然而，由于北美成为排放控制区以及具有低成本的中间馏分油来源，在全球船用燃料油市场中具有较高的瓦斯油份额。

2016年10月，国际海事组织（IMO）通过了自2020年1月1日起在全球范围内强制推行船用燃料油硫含量不大于0.5%（质量分数）以控制船舶污染物排放的决议。船主有若干选择来适应新规要求，新规所带来的市场冲击主要由以下因素决定：

(1) 硫含量不大于0.5%（质量分数）的燃料油（超低硫燃料油）的可获取性及价格。

(2) 船上加装脱硫洗涤器的普及率，能够确保继续使用高硫燃料油。

(3) 法规实施情况，这决定了船业部门所需的瓦斯油用量。

综上所述，船用燃料油市场前景存在诸多不确定性，但航运部门使用的船用燃料油将存在由高硫燃料油向瓦斯油的转移，将对全球炼油业带来如下影响：

(1) 燃料油需求下降，导致价格下跌，因而需要利用现有空闲的渣油改质能力将其加工成更有价值的燃料。

(2) 瓦斯油需求增加，导致价格上涨，在竞争性市场中支撑其产量增长。

鉴于美国海湾地区炼油商的炼厂配置，当前市场环境使得北美更加受益。由于北美能够成为超低硫燃料油和瓦斯油的主要供应商，因而北美有机会在未来全球船用燃料油市场中发挥更大的作用，但这需要对物流进行投资以使北美成为全球主要的船用燃料油供应地区。

1 引 言

自2010年以来，全球船用燃料油需求几乎没有变化。然而，从图1可以看出，亚太地区在全球船用燃料油市场的份额持续增长，目前几乎占据了船用燃料油需求总量的50%。北美市场份额排名第3，远低于亚太地区和"大欧洲"，因此北美在全球船用燃料油贸易中的地位并不凸显。

由于美国海湾地区和新加坡的高硫燃料油价格对欧洲有很大的溢价，使得西北欧地区高硫燃料油具有明显的价格优势，表明船主可能更喜欢从欧洲购买燃料油。然而，针对瓦斯油，美国海湾地区则具有价格优势，如图2所示，面向大西洋盆地地区大量出口柴油、瓦斯油。这种价格优势在船用瓦斯油市场更加明显，2016年北美船用瓦斯油占据全球20%的市场份额，是燃料油市场份额的3倍之多。

由于北美是船用瓦斯油成本最低的供应商之一，高硫燃料油向瓦斯油的任何转变都可能会增加北美船用燃料油的市场份额。国际海事组织即将出台的船舶排放立法（MARPOL公约附则Ⅵ）提供了这样一个机会。在国际海事组织于2016年10月举行的海上环境保护委员会第70届会议（MEPC-70）中，同意在2020年船用燃料油硫含量降至0.5%（质量分数）以减少污染物排放，如图3所示。

（a）船用燃料油需求

（b）船用燃料油市场份额

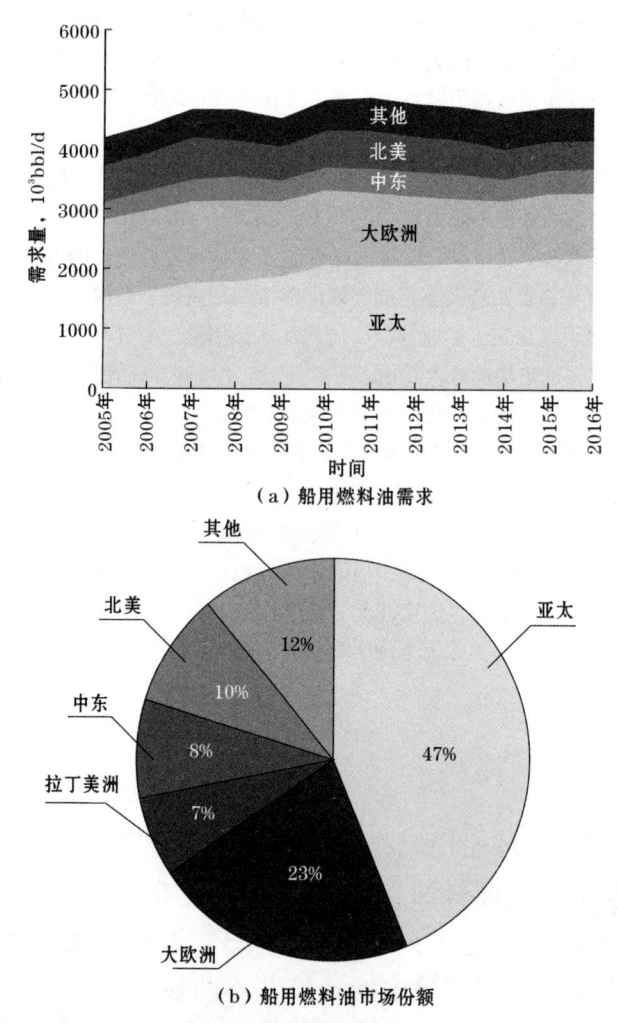

图1　全球船用燃料油需求及市场份额

（2010年11月26日，普京在柏林的一次演讲中，呼吁从里斯本到符拉迪沃斯托克的所有国家，在地缘政治上统一为"大欧洲"）

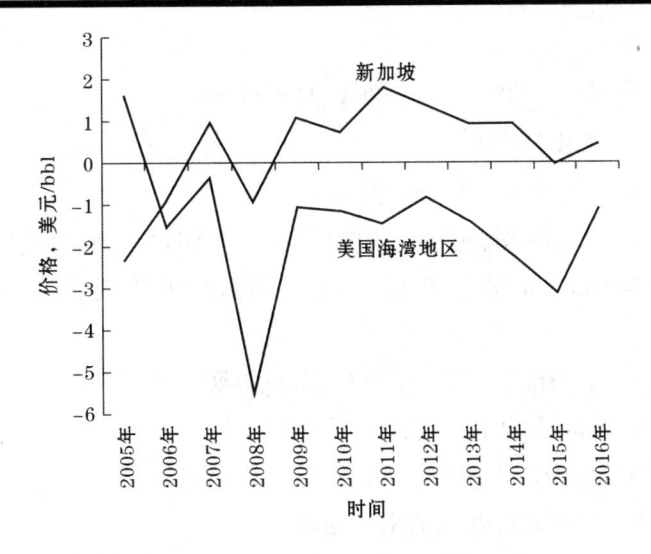

图 2　相比于西北欧地区的瓦斯油价格溢价

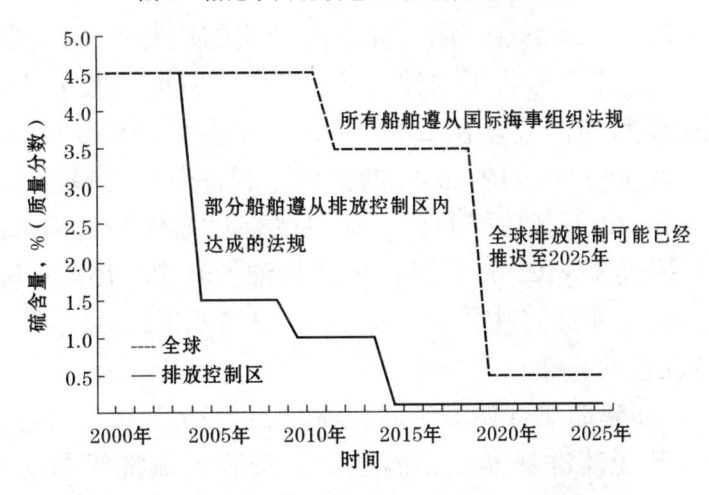

图 3　MARPOL 公约附则 Ⅵ 执行时间路线

在 MEPC-70 会议期间,国际海事组织认为,有足够的低硫燃料可用于支持 2020 年全球船用燃料油硫含量降至 0.5%(质量分数)水平。但是,会议也承认在某些地区可能难以获得具有合格硫含量的船用燃料油,致力于在下一次会议(MEPC-71)确定实施路线图。

2　船用燃料油需求前景

船业部门可以通过使用下述燃料来满足 2020 年的排放要求:
(1) 超低硫燃料油。
(2) 当前硫含量水平的高硫燃料油,通过安装脱硫洗涤器确保废气中硫氧化物排放符合要求。

（3）船用瓦斯油（硫的质量分数不大于0.5%）。

（4）液化天然气和其他燃料。

船主遵守立法规定面临一些关键挑战：

（1）目前，超低硫燃料油的可获取性有限，估计当前产量低于 $60×10^4$ bbl/d（数据来自 Wood Mackenzie 炼厂对标分析，涵盖所有产能超过 $5×10^4$ bbl/d 的资产）。

（2）替代燃料（如液化天然气）以及安装脱硫洗涤器需要船业部门进行投资，确保能够使用低成本燃料，如高硫燃料油。

（3）船用瓦斯油很容易获得，但它是一种高成本燃料，因为它与中间馏分油价格相关联，相比原油通常具有较大的溢价。

需要注意的是，一些船主可能会选择不遵守这一立法，这点在欧洲排放控制区得以证实，执行效果不佳，因此船主所选用的应对方法及其对相应燃料的需求存在不确定性。本文分析了两种情景，如图4所示，主要假设如下：

（1）超低硫燃料油供应量在2020年及以后达到 $95×10^4$ bbl/d。分析表明，在全球范围内，有大约 $180×10^4$ bbl/d 的低硫燃料油可供选择。然而，预计目前仅能提供 $60×10^4$ bbl/d 超低硫燃料油，而且受炼厂操作和价格关系限制，现有厂址只能进一步提供 $35×10^4$ bbl/d 超低硫燃料油，其中，$15×10^4$ bbl/d 超低硫燃料油分配到国内航运业务（中国沿海航运为 $13.5×10^4$ bbl/d，拉丁美洲为 $1.5×10^4$ bbl/d，主要在巴西）。

（2）2018年新建船舶开始安装脱硫洗涤器，2015年后交付的船舶在5年的维护周期内改装脱硫洗涤器。预测显示，安装脱硫洗涤器是满足新规要求的最低成本选项。目前，仅安装了300台脱硫洗涤器（占全球船队的0.3%），主要在当前的排放控制区（燃料中硫的质量分数不大于0.1%）。预计到2020年，脱硫洗涤器安装的普及率将提高至10%~14%，到2025年将达到36%~40%。

（3）液化天然气的使用有限，主要用于新建的集装箱船，以及排放控制区内的客船和渡船。

（4）对于"完全实施"情景，假设脱硫洗涤器普及率处于范围上限，余下的船用燃料油需求由船用瓦斯油满足。

（5）对于"分阶段实施"情景，鉴于非洲、拉丁美洲和东南亚超低硫燃料油的可获取性问题，假设洗涤器普及率处于范围下限以及新规实施集中在现有排放控制区所要求的区域。

炼油工业宏观问题

"完全实施"场景

"分阶段实施"场景

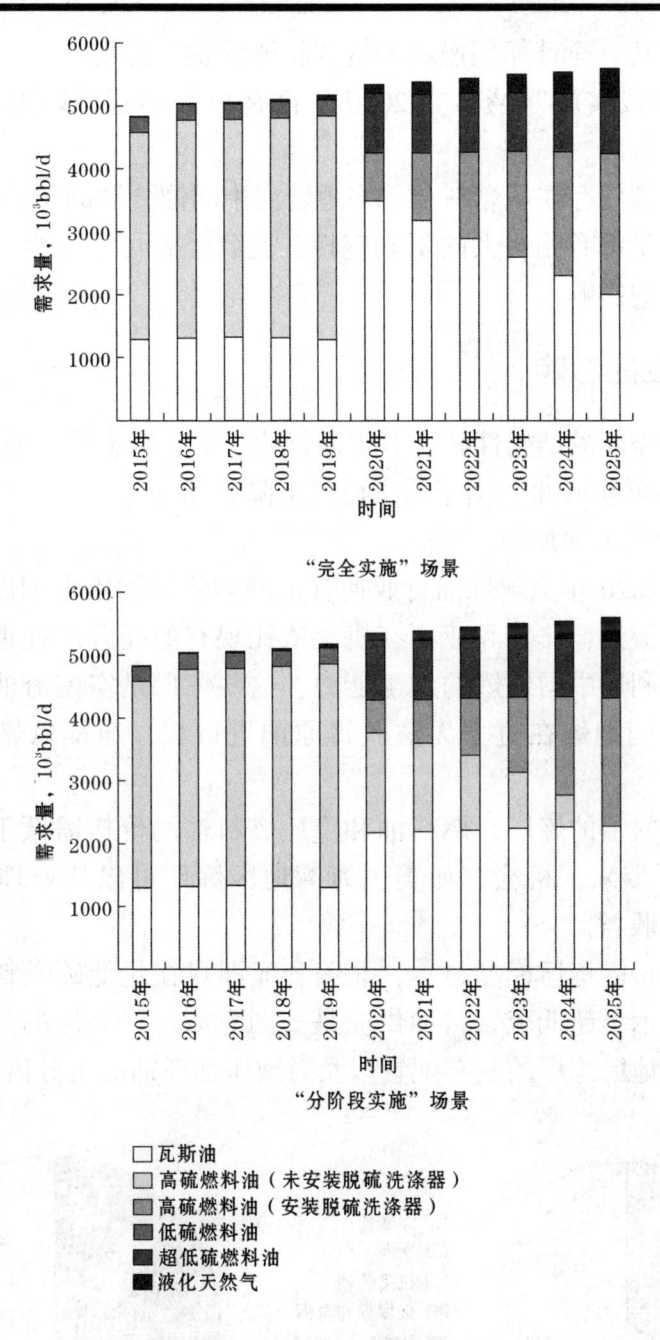

□ 瓦斯油
□ 高硫燃料油（未安装脱硫洗涤器）
▨ 高硫燃料油（安装脱硫洗涤器）
▨ 低硫燃料油
▨ 超低硫燃料油
■ 液化天然气

图4 全球船用燃料油需求

来源：Wood Mackenzie

因此，新规的影响主要体现在全球船用燃料油构成的变化，其中：

（1）"完全实施"情景在2020年由瓦斯油和超低硫燃料油替代280×10^4bbl/d高硫燃料油。随着时间推移，由于高成本瓦斯油被高硫燃料油（安装

— 69 —

脱硫洗涤器）替代，全球船用燃料油构成将继续发生变化。

（2）"分阶段实施"情景在2020年由瓦斯油和超低硫燃料油替代$140×10^4$bbl/d高硫燃料油。

因此，船业部门存在从燃料油更多地转向中间馏分油的结构性转变。然而，每种燃料的使用量都有相当大的不确定性，受到燃料可获取性、价格以及炼厂和船业部门投资的影响。

3 对炼油行业的影响

船用燃料油需求的结构性转变对炼油行业带来一定影响，原因在于：

（1）燃料油可获取性（由于需求已经下降）增加。

（2）瓦斯油需求增加。

分析表明，2020年全球炼油行业拥有足够的渣油加工空闲能力来处理船业部门取代出来的渣油，北美和亚洲有机会依托现有的配置来处理增加的渣油供应。然而，需要利用中国地炼的加工能力，这些炼厂是空闲渣油加工能力的最大来源。由于中国地炼在过去无法获得原油进口权，通常以燃料油作为炼厂原料。

对于加工燃料油的炼厂，燃料油和重质燃料油的价格需低于原油价格，这为深度转化炼厂带来了机会，如美国海湾地区炼厂可以从处理这种新兴"过剩"原料中获取收益。

Wood Mackenzie炼厂模型显示，北美和亚洲存在超低硫燃料油供应的最大潜力，如图5所示，超低硫燃料油供应是美国海湾地区炼厂的另一个机会，这反映出美国海湾地区炼厂的复杂配置以及对减压瓦斯油等组分需求的变化。

2019年总需求：$19×10^4$bbl/d　　　　2020年总需求：$80×10^4$bbl/d

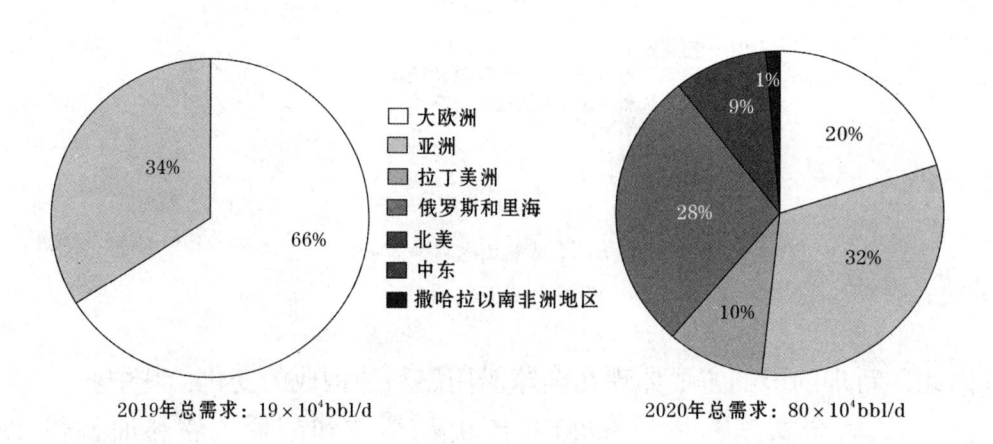

图5　全球超低硫燃料油供应潜力

瓦斯油较高的需求和燃料油较低的价格将导致瓦斯油价格上涨，进而支撑全球原油加工量的增加。两种情景下的瓦斯油和燃料油的裂解价差如图6所示，其中虚线代表"完全实施"情景。

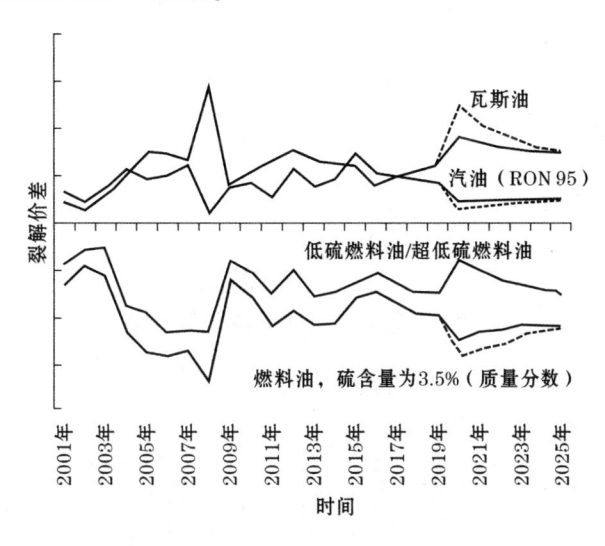

图6 不同情景下瓦斯油和燃料油裂解价差
来源：Argus 历史数据、Wood Mackenzie 预测数据

原油加工量的增加将提升汽油的供应，从而导致汽油裂解价差下降。瓦斯油和燃料油价格的变化将会影响轻重原油价差，与2019年相比，预计2020年轻重原油价差将会进一步扩大。然而，原油和产品的定价关系是非常复杂的。因此，炼厂需要增加开工率来提高利润。

4 对美国的影响

美国炼油行业受到炼厂原油加工配置和产品收率的影响，关键因素包括：

（1）柴油（瓦斯油）与汽油的比例（影响产品裂解价差）。

（2）减压渣油加工能力与原油加工能力的比例（影响低成本渣油加工）。

如图7所示，美国海湾地区并不是所有炼油商都能够获得同样的收益，明显存在赢家和输家，但至少有10家炼油商从馏分油和渣油加工中受益。

除了与不断变化的市场动态相关的改进之外，北美炼油商还有机会通过其超低硫燃料油和瓦斯油的供应来占据全球船用燃料油市场更大的份额，这需要投资开发港口等必要的基础设施，期望北美在2019年之后能够超越当前其在全球船用燃料油供应中的比重，重点是捕获即将到来的机会。

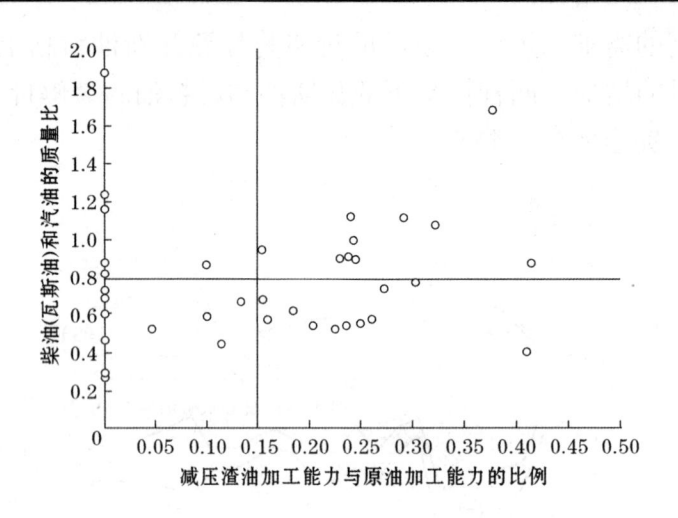

图 7 美国海湾地区炼油商赢家和输家

5 结　语

　　国际海事组织关于全球船用燃料油的燃料质量法规即将发生变化，这改变了船业部门2020年使用的燃料类型。船主有许多合规选择，最低成本的选择是继续使用高硫燃料油，但需要投资安装脱硫洗涤器。在目前的燃料油价格水平下，预计不会有足够的超低硫燃料油供应。船业部门更多地使用船用瓦斯油来替代高硫燃料油，船用瓦斯油需求的增加需要提高原油加工量，以及利用渣油加工装置来处理过剩的重质燃料油，这可能导致炼厂利润上升。

　　存在的风险是，燃料质量法规的变化可能是破坏性的，但市场反应预期可能有利于具有深度转化配置的美国海湾地区炼油商，这也为美国海湾地区炼油商提供了获取其超低硫燃料油价值以及提升其船用瓦斯油全球销售份额的机会。更大的风险可能是，炼油商选择与船主竞争，考虑到船业部门更加灵活，炼油商可能会成为输家。炼油商的重点应放在炼厂和港口等基础设施上，从现有的配置和内部流程中获取机会。

重油加工

AM-17-16

Eni 公司悬浮床技术：实现塔底油价值最大化

Valentina Fabio, Giacomo Rispoli, Valentina Fabio (Eni, Italy)

李雪静 任文坡 译校

摘 要 渣油高效转化技术不仅能够实现重质和超重原油的开发利用，而且能够最大限度地将渣油转化为优质产品。固定床、沸腾床等常规渣油加氢裂化技术受到原料质量限制，难以实现高的转化率。为实现重油深度转化和提高馏分油收率，Eni 公司开发了悬浮床加氢裂化技术——EST，实现了渣油的近乎完全转化，获得了比目前的渣油转化技术更高的轻油收率。本文对 EST 催化剂和工艺特征、研发历程、工业应用情况进行了详细介绍。工业结果表明，EST 装置运行达到了设计性能要求，在某些方面甚至超过了设计指标。由于具有极高的原料灵活性，EST 技术有望成为一个经济有效的非常规石油资源的加工解决方案。   （译者）

1 引 言

未来几年，石油行业上游和下游将继续需要那些能将渣油和重质原油有效改质为具有良好环境效益的化学品和液体燃料的新技术。一方面，这类技术将使得重质和超重原油的巨大资源得以开发利用；另一方面，将渣油全部转化为优质产品，避免生产燃料油、船用油和焦炭等低值产品。

至今，现有的商业化技术都未能实现渣油的全部转化。脱碳技术，如热裂化、焦化、减黏裂化，产生大量的环境可接受性低的产品，市场需求正在减少。相反，加氢技术更有效，因为它们能实现产品的整体升级，代表了将重质原料转化成馏分油的最有效方式。然而，像固定床、沸腾床等常规的加氢裂化技术受到原料质量的限制，以及与渣油稳定性有关的难题限制了最大转化率的获得。

Eni 公司悬浮床技术（Eni Slurry Technology，EST）是 Eni 公司开发的悬浮床加氢裂化工艺，是对提高馏分油收率和渣油转化率需求的响应。Eni 公司的研发始于 20 世纪 90 年代初，该项目从实验室进展到中试装置（处理能力为 0.3 bbl/d）。自 2006 年以来，一直在 Eni 公司 Taranto 炼厂（位于意大利）运行 1 套 1200 bbl/d 的工业示范装置。鉴于示范装置的良好运行效果，Eni 公司于 2013 年又在意大利北部的 Sannazzaro dè Burgondi 炼厂建设了第 1

套工业装置，处理能力达到 23×10^3 bbl/d。

2 EST 工艺过程

从技术角度来看，EST 是一种基于纳米分散（浆态）非老化催化剂和特殊均相等温反应器的独特的加氢裂化过程，在创新的工艺流程中，几乎可以实现原料全部转化为馏分油。

EST 催化剂的活性相是由油溶性前驱体原位产生的纳米薄层形式的非负载的 MoS_2。高分辨率透射电子显微镜观察显示出催化剂优异的分散性；大多数 MoS_2 作为单层存在，堆积现象（2~3层颗粒）仅涉及催化剂的一小部分（图1）。

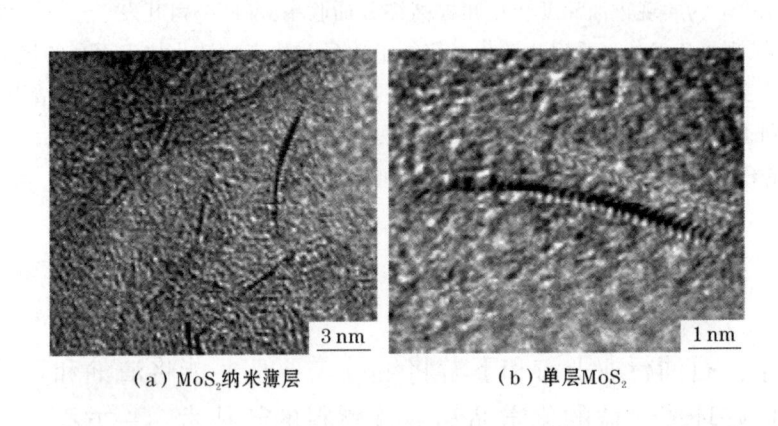

(a) MoS_2 纳米薄层　　(b) 单层MoS_2

图1　EST 催化剂 HRTEM 照片

由于原料中金属以硫化物形式形成单独相，而不会干扰 MoS_2 的裸露活性中心，因此在整个操作过程中，催化剂几乎保持不变，消除了催化剂老化现象（图2）。与固定床和沸腾床反应器中使用的常规负载催化剂完全相反，EST 催化剂不会因金属和焦炭沉积在载体孔隙中而导致堵塞问题。焦炭的影响较小，表面积高，缺少传质扩散阻力，均有助于此类催化剂比负载催化剂更具活性，因此，极高的催化剂活性允许催化剂浓度保持在几千微克/克的水平。分散催化剂的温度控制是均匀的，而负载的催化剂可能受热点所限。在原料含有高含量污染物，特别是金属和沥青质的情况下，使用非负载的浆态催化剂特别有用。

重馏分转化为馏分油通过热反应使得 C—C 断裂并产生自由基。加氢反应使得自由基快速淬灭，避免自由基 β 断裂引发的链反应以及自由基重组可能导致的生焦。实际上，浆液中 MoS_2 薄层之间的距离比任何负载型催化剂到油分子

(a) 每个 MoS₂ 颗粒的层数

(b) MoS₂ 颗粒的平均径向尺寸

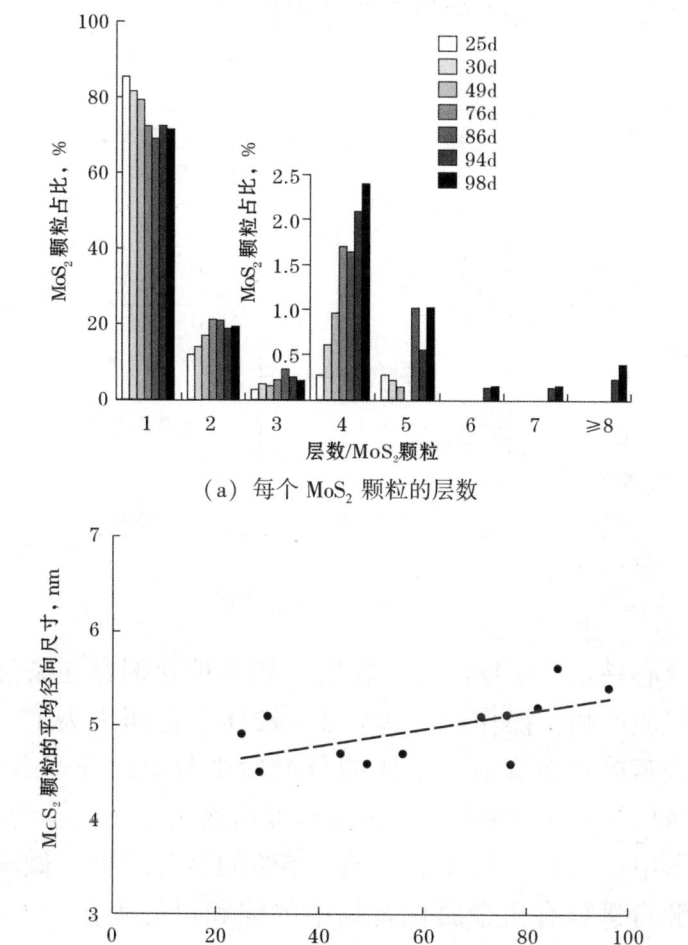

图 2 长周期工业试验中的 MoS₂ 催化剂性能演变

数据来自从每个样本的 HRTEM 照片中随机抽取的约 1000 个颗粒的测量结果[1]

的距离更近，因而减少了自由基生成及其在催化剂上加氢反应的时间，并有助于抑制生焦。经钼催化的加氢反应使得芳环加氢、康氏残炭量下降以及经过碳杂原子键的氢解反应脱除杂原子。

EST 的另一个重要特征是使用能在浆液相操作的定制设计的鼓泡反应器。由于催化剂颗粒尺寸小，反应器表现为均相；由于高度的返混流体动力学控制确保几乎均匀的轴向温度和径向温度分布，反应器表现为等温，这样能够确保反应器保持本质安全，防止飞温。

催化剂开发和反应器开发的协同组合使得 EST 能够采用基于未转化尾油循环的工艺配置，实现原料完全转化，避免当前常规加氢处理技术带来的燃料油生产。图 3 显示了 EST 的简化工艺流程。

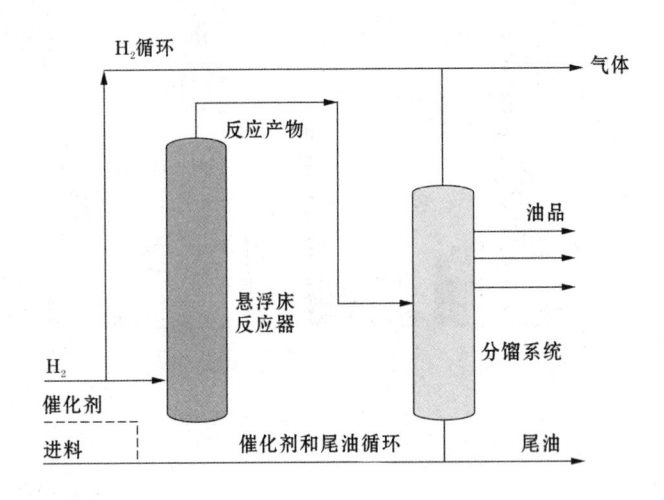

图 3　EST 简化工艺流程

该工艺的核心是悬浮床反应器，在浆态钼基催化剂存在条件下，将重质进料加氢裂化成轻质产物，操作温度为 673～723K，总压力为 15～16MPa。反应后，产物在由闪蒸单元和蒸馏塔组成的分馏段中分离，分馏出气体、石脑油、中间馏分油和减压瓦斯油（VGO）。减压分馏塔底出来的尾油含有所有催化剂，循环回到反应器中，只有一小部分（3%～5%的新鲜进料）做净化处理以除去焦炭前驱体和源自进料有机金属化合物中的镍和钒的硫化物。通过净化处理，还可以除去少量携带的 MoS_2，因此将等量的油溶性前驱体连续地供给到反应器中以保持其浓度恒定在几千微克/克。尾油可以进一步处理以回收金属。气相进入胺洗涤部分，通过再压缩和补充氢气后，清洁气体再循环到反应段中。来自悬浮床反应部分的中间产物进入 VGO 和柴油改质反应器中进行处理。

3　EST 研发历程

Eni 公司开发基于微细催化剂的加氢处理工艺的最初想法可以追溯到20世纪 80 年代末，经过20 世纪 90 年代进行的实验室层面的密集深入的研发活动，所有的工艺步骤都被整合到2000 年开工的一套0.3bbl/d 的中试装置中。经过中试装置运行、模拟液体的模型研究及合适模型的开发，提供了在意大利 Taranto 炼厂的界区内设计和建造一套半工业化规模的 1200bbl/d 工业示范装置所需的全部数据和信息。工业示范装置自 2005 年底开工以来，已经成功加工了超过 $100×10^4$bbl 的进料。通过工业示范装置的运行，巩固了技术诀窍，确认了在中试规模获得的预期工艺性能，并评估了室内开发和设计的浆态鼓泡反应器及相关内部件的流体动力学。

EST 的主要特征之一是优异的原料灵活性，表 1 列出了 EST 中试/示范装置的一些原料性质。

表 1 EST 中试/示范装置处理的部分原料性质

项 目	Ural（俄罗斯）	CerroNegro（委内瑞拉）	BashraLight（伊拉克）	Maya（墨西哥）	Rospo Mare（意大利）	Athabasca 沥青（加拿大）	Belayim（埃及）
密度（15℃），g/cm^3	1.0043	1.0053	1.0330	1.5	1.0680	1.0158	1.0336
硫含量,%（质量分数）	2.60	3.86	4.9	5.2	8.08	4.6	3.3
氮含量,%（质量分数）	0.69	0.67	0.35	0.81	0.46	0.48	0.6
镍含量，μg/g	80	94	35	132	64	70	88
钒含量，μg/g	262	409	120	866	173	186	146
沥青质含量,%（质量分数）	15.5	17.1	16.0	30.3	27.6	12.4	14.7

对于工业示范装置中加工的所有原料，EST 已经证明了最少尾油排放情况下将渣油全部转化为轻质、中质和重质馏分油的可能性。此外，在所有情况下，该技术能确保完全脱除金属，以及具有优异的降残炭、脱硫性能和相当好的脱氮性能。

已经证明，EST 的灵活性体现在不仅能加工更多的常规直馏渣油，还体现在能加工经过热裂化或加氢裂化的原料，如减黏渣油、来自催化裂化的重循环油和来自蒸汽裂解的裂解油。

EST 工业示范装置运行经验对于安全进行商业放大至关重要。此外，工业示范运行经验还具有以下作用：

（1）学习如何设计定制适用于不同原料的技术；
（2）开发和调整过程模拟模型；
（3）开发和测试包括开工、稳定运行和紧急情况的操作程序；
（4）培训运行维护人员；
（5）培训工艺工程师；
（6）评估所选材料在恶劣环境中的抗腐蚀性能；
（7）评估不同类型的仪器对重质、易结垢流体的耐受性能。

从该示范装置获得的积极成果鼓励了做出开展首次工业应用的决策。Eni 公司的 Sannazzaro de' Burgondi 炼厂被选为实施 EST 工业应用的第 1 家炼厂。

4 第1个工业应用：EST组合装置

EST的第1家工业应用是在Eni公司的Sannazzaro de' Burgondi炼厂，EST装置的设计能力为$23×10^3$bbl/d，可将塔底油转化为欧V标准柴油和其他有价值的炼厂组分（液化石油气、石脑油、喷气燃料等）。该装置还代表了基于悬浮床加氢裂化工艺的第1套工业装置。

EST工业装置融合了最先进的技术解决方案以及Eni公司Taranto炼厂工业示范装置8年以上连续测试和运行经验。从项目的独特思路到最先进的施工方法，包括大量使用大型结构、基础设施，甚至加热炉的预组装，为项目带来了诸多创新。

（1）EST单元：浆态反应和分离；VGO改质（Haldor Topsoe技术）；轻质馏分改质（Haldor Topsoe技术）；产物分馏；热油循环；馏出物处理。

（2）制氢单元：原料脱硫和加氢；预重整和重整；变压吸附（PSA）；烟气脱硝。

（3）酸性水汽提（SWS）、硫黄回收和尾气处理：两段SWS；硫黄回收；尾气还原；尾气洗涤塔；尾气氧化。

（4）胺再生单元。

（5）除盐水生产和冷凝水处理。

（6）其他辅助系统（冷却水、燃气、火炬等）。

EST组合装置流程如图4所示。

EST装置于2013年10月成功开工，通过EST加氢裂化技术与Haldor Topsoe产品改质技术的优化整合生产出优质馏分。

下列主要结果证实了该装置的正确设计：

（1）达到100%的设计能力。

（2）悬浮床反应器完全均相和等温。

（3）渣油转化率不低于95%。

（4）气液分离效率高（不起泡）。

（5）产品收率和质量达到预期。

改质后的典型产品质量如下：

（1）石脑油的相对密度为0.707；硫含量低于$3\mu g/g$；氮含量低于$3\mu g/g$。

（2）柴油（欧V）的相对密度为0.840；硫含量低于$5\mu g/g$；氮含量低于$5\mu g/g$；十六烷指数（ASTM D-4737）为50；多环芳烃含量低于2.0%（质量分数）。

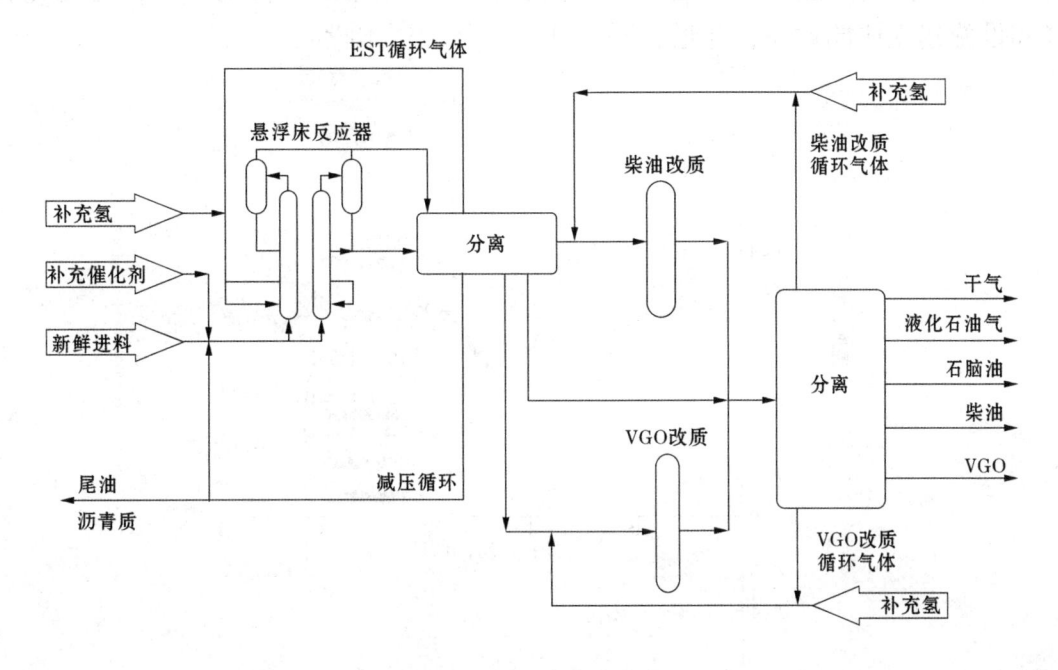

图 4 EST 组合装置流程

（3）VGO（船用燃料或加氢裂化/催化裂化原料）的相对密度为 0.917；硫含量低于 500μg/g；氮含量低于 500μg/g；金属含量低于 1μg/g。

该组合装置前 3 年的运行结果表明达到了设计性能要求，如装置加工量、渣油转化率、产品收率和性质、氢耗和催化剂添加量，在某些方面甚至超过设计指标。此外，悬浮床反应器在轴向温差和径向温差中都是完全均匀和等温的（图5）。

装置前 3 年的运行总体上是一个识别操作局限和瓶颈的学习过程。装置检测也表明，在 2 台悬浮床反应器和其他关键设备中没有焦炭沉积，因此不需要进行特殊的维护，仅对仪表和分馏部分（预闪蒸和减压塔）进行了细微的改进。

5 EST 潜在应用

EST 被认为在上游和下游都具有相当大的市场应用潜力。由于具有极高的原料灵活性，EST 有可能成为一个经济有效开发储量丰富的非常规石油资源的解决方案，能够提供更多的战略资源。此外，EST 也可以成为稳定天然气价格的一个选择方案，天然气可以被用来生产 EST 所需的氢气以及提供能量需求。炼油行业可通过 EST 以非常有效的方式实现塔底油改质进而获益。

EST 最重要的优势之一是可以将其整合到现有炼厂和石化厂中，与现有装置和设施建立协同效应，并最大限度地降低新增资本投入。

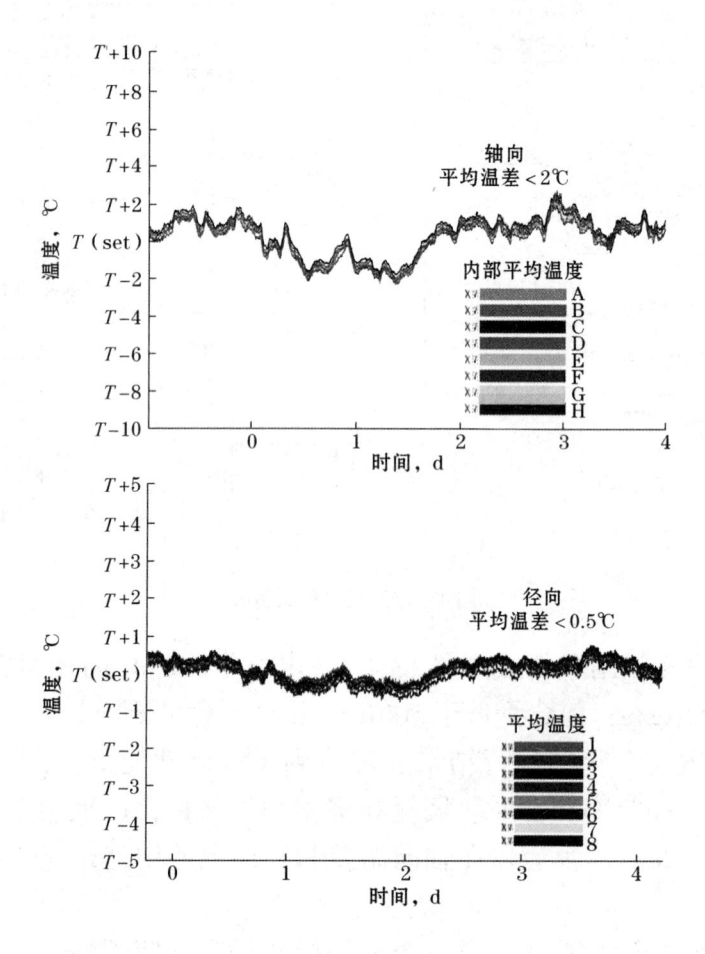

图 5　悬浮床反应器典型的轴向温差和径向温差

6　结　论

EST 是一种加氢裂化技术，具有以下特征：

（1）活性非常高的分散型（浆态）催化剂，防止生焦并促进改质反应（脱硫、氮和金属及降低残炭）。

（2）基于室内开发的浆态鼓泡反应器的原创性工艺方案，完全均相和等温，可以实现对加氢裂化放热反应的最佳控制。

（3）分馏部分，用于回收轻质、中质和重质馏分。

（4）用于回收催化剂和部分未转化尾油的系统。

该技术几乎可实现减压渣油完全转化，克服了当前市场上渣油转化技术的主要局限，即沥青质相分离的难题。需要排出少量尾油来限制重质原料携带的金属（镍和钒）的积聚，因此，EST 可提供比目前的渣油转化技术更高的轻油收率。经过中试装置和工业示范装置多年的运行经验，EST 已经进行了开发和细微改进。今天，工业装置代表了基准水平，有助于 Eni 公司持续进行技术改进以及开发始终需要时间来实施的最佳实践。

参 考 文 献

[1] Bellussi G, et al. Journal of Catalysis, 2013（308）：189 – 200.

AM-17-69

加拿大油砂沥青和沸腾床加氢裂化中间产物炼制方案

John Petri, Mahendra Balodia, Jessica Locke, et al (UOP LLC, USA)

任文坡 侯经纬 译校

摘 要 与典型原油相比,沥青中硫、氮、氧和金属含量更高。常规的油砂沥青改质公司生产的合成原油需要在下游炼厂进一步加工,而 NWR 公司 Sturgeon 炼厂能够将油砂沥青转化为最终产品,目前该项目一期已基本完成。NWR 公司选择了 UOP 公司的 Unicracking™ 和 Unionfining™ 技术加工来自油砂沥青常减压蒸馏塔的直馏柴油和减压瓦斯油,以及来自沸腾床加氢裂化的石脑油、柴油和减压瓦斯油,主要生产 NMR 公司满足市场需求的超低硫柴油产品。为此,UOP 公司设计了一个试验方案,分别利用 Unicracking 和 Unionfining 中试装置及离线分馏来模拟 Unicracking/Unionfining 集成装置工业流程,研究进料组成、预处理苛刻度和加氢裂化转化的影响。试验结果表明,沥青和沥青衍生的沸腾床加氢裂化组分可以利用 UOP 公司的 Unicracking 和 Unionfining 技术生产超低硫柴油,既能满足十六烷值要求,又具有适合于冬季或北极气候的低温流动性。 (译者)

1 引 言

沥青,通常称作"沥青砂"或"油砂沥青"。全球沥青储量约为 5.5×10^{12} bbl[1]。假设目前全球原油消费量每年约为 35×10^9 bbl[2],沥青资源能够为全球提供燃料 100 多年。全球约 40% 的沥青资源分布在加拿大[1],如图 1 所示。因此,如何将沥青加工成燃料需要专门进行讨论。

沥青可以更广泛地定义为沉积有机质中大的化学凝聚体组分,可溶于多种溶剂[3]。与原油相比,沥青的地质年龄可能更年轻或更古老,这取决于沥青的形成过程。第一种理论是干酪根或油页岩成熟演化产生沥青。然而,文献[1]中引用的学术研究的基本结论是,干酪根转化的沥青占天然沥青和重油的比例相对较小。大量的干酪根和原油来自浮游生物,浮游生物主要由游离脂肪酸组成。另一种理论认为,重油和沥青是由轻质石蜡基原油降解产生。地质年代较年轻的轻质原油被认为是从生油岩中排出,由高压高温区域流向低温低压区域。低压区域可能处于温度低于 80℃ 的较浅地层,细菌可以存活。超过这个温度限制，细菌就会死亡。轻质石蜡基原油可以通过轻质组分的溶解、挥发、细菌降解转化为重油或沥青[1]。这些假设的地质过程提升了含硫、氮、氧杂原子的化合物的含量，并增加了重质分子（如胶质和沥青质）的含量，重质分子的含量也是原油或沥青黏度的决定因素。

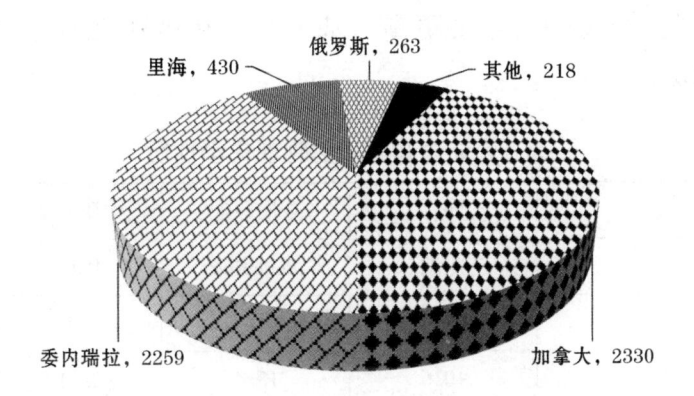

图1 全球沥青储量（单位：10^9 bbl）

图2比较了未稀释的加拿大冷湖沥青[4]与重质原油、中质原油和轻质原油的实沸点蒸馏数据[6,7]。蒸馏数据证实了随着原油变重，低沸点组分消失，最终转变为沥青。如Murban原油含有35%（质量分数）的组分，其馏程低于冷湖沥青初馏点。原油或沥青中大于565℃的最黏稠组分，通常称为减压渣油。与含有约45%（质量分数）渣油的沥青[4]相比，轻油（如Murban原油）可能只含有10%（质量分数）的渣油[7]。

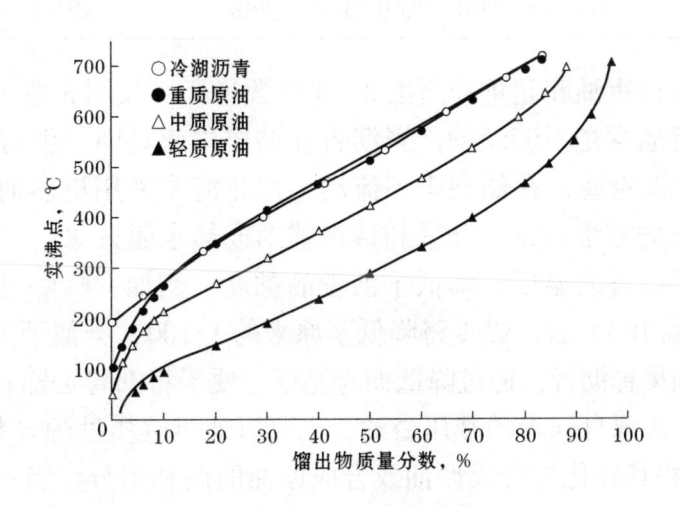

图2 沥青和原油蒸馏曲线

上述原油的物理化学性质列于表 1[5-7]。例如，加拿大沥青的相对密度为 0.99～1.02[5]，而较为典型的中质原油和轻质原油相对密度则从 0.82 变化到 0.92[6,7]。世界原油的平均相对密度约为 0.82（41°API）[2]。沥青的黏度比中质原油和轻质原油高出 100～1000 倍[5-7]。与典型原油相比，沥青中含硫、氮、氧和金属的杂原子化合物的含量要更高。基于馏程和物理化学性质，Peregrino 超重原油非常类似于沥青[6]。

表 1　沥青和原油的物理化学性质

类别	沥青	重质原油	中质原油	轻质原油
名称	冷湖	Peregrino	Dalia	Murban
来源	加拿大	巴西	中非	阿联酋
API 度，°API	10.6	13.4	23.1	40.2
相对密度（60°F）	0.996	0.977	0.915	0.824
硫含量，%（质量分数）	4.27	1.89	0.52	0.79
氮含量，μg/g	4000	7040	2400	425
氧含量，%（质量分数）	1.19			
康氏残炭，%（质量分数）	12.3	12.7	4.8	1.5
镍+钒含量，μg/g	265	92	33	5
沥青质，%（质量分数）	19	17.2	0.68	0.2
黏度（50℃），cSt	3500～29500	2018	31	2.3

沥青的黏度比重油和超重油高出 2～3 个数量级，如图 3 所示。在储层的自然温度下，沥青通常是不流动的。当沥青在储层中流动时，沥青可能被认为是超重油[1]。由于沥青通常在储层中不流动，因此需要采用更多的非常规方法开采。应用最广泛的方法是露天开采和蒸汽辅助或热水驱开采[1]。蒸汽辅助或热水驱开采提升了沥青的温度，降低了沥青的黏度。例如，阿萨巴斯卡沥青的温度从 40℃提高到 100℃后，黏度将降低至原来的 1/100，类似于重油黏度。

利用石脑油稀释沥青，通过降低沥青黏度，便于将沥青运输到炼厂。沥青或沥青的一部分，如源自沥青的减压渣油，也可以通过改质处理（如延迟焦化+缓和加氢处理），将其转化为合成原油或合成原油的调和组分。当一部分沥青转化为合成原油并与剩余的另一部分沥青混合时，该混合物通常称为"合成沥青"。

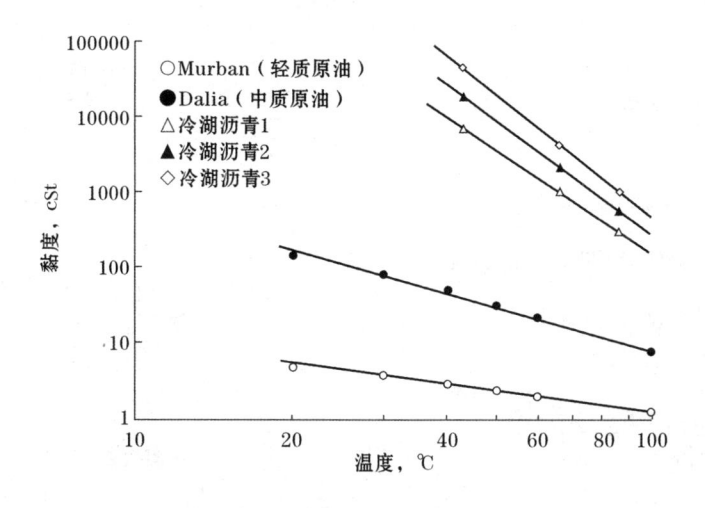

图3 沥青和常规原油的黏温曲线

2 NWR公司加工目标

加拿大NWR公司是西北炼油公司与加拿大自然资源有限公司（CNRL）的合资公司。NWR公司位于艾伯塔省Redwater附近的Sturgeon炼厂，其3期项目的1期工程正处于建设的最后阶段。常规的沥青改质公司生产的合成原油需要在下游炼厂进一步加工，而NWR公司Sturgeon炼厂能够将沥青转化为最终产品，尤其是超低硫柴油和其他产品，如液化石油气（LPG）、销售给沥青生产者的稀释石脑油以及销售给常规炼厂的低硫减压瓦斯油（VGO）。NWR公司Sturgeon炼厂将加工稀释沥青和合成沥青，其简化流程如图4所示。

沥青混合物（稀释沥青或合成沥青）在常减压分馏塔中实现分离。稀释沥青中的石脑油分离后送到稀释石脑油产品池。直馏柴油（瓦斯油）从分馏塔侧线分离而来，通过减压塔分离出瓦斯油（轻质、中质、重质）和减压渣油。NWR公司使用沸腾床加氢裂化技术加工减压渣油，而不是非催化的热加工技术，如延迟焦化。由于沸腾床加氢裂化不产生焦炭，同时减少了流向下游装置的污染物，以及通过加氢大大增加了中间产物的体积收率，相比延迟焦化具有巨大的利润优势。沸腾床加氢裂化装置将减压渣油转化为石脑油、柴油、减压瓦斯油（轻质、中质、重质）和未转化尾油（沥青）。未转化尾油气化生成炼厂用氢气。NWR公司将Sturgeon炼厂设计为从气化装置中捕获二氧化碳，供给油田以提高采收率。

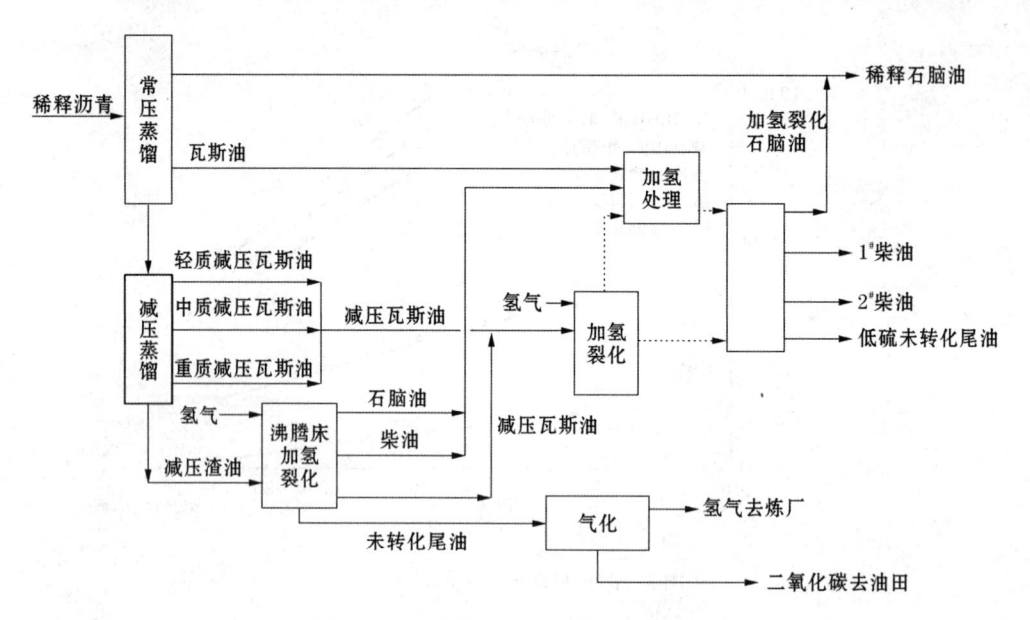

图 4　NWR 公司 Sturgeon 炼厂简化流程

与常规原油相比，沥青分子组成通常含有较高含量的芳烃和环烷烃[8]。由于沥青和合成沥青中芳烃和环烷烃含量较高，芳烃饱和将导致产物中含有高含量的环烷烃。环烷烃上的烷基侧链相对较短[8]。高十六烷值的正构烷烃的含量相对较低。此外，减压瓦斯油加氢裂化生成的主要产物需要进行适度开环反应，其产物进一步异构化。所有这些因素使得源自沥青或合成沥青的柴油的十六烷值较低。但是，所有这些因素都能够改善低温流动性，这对加拿大和北美市场至关重要。

加拿大的工业经验表明，加工沥青或沥青衍生物时，需要重视加氢裂化和加氢处理装置的建设以满足柴油燃料规格[8,9]。NWR 公司 Sturgeon 炼厂采用全加氢技术以满足表 2 所示的柴油产品规格。

表 2　Sturgeon 炼厂柴油产品规格

规　格	本地柴油（夏季）	本地柴油（冬季）	1D 柴油
硫含量（最大），μg/g		10	
最大 90% 馏出温度（ASTM D86），℃	360	360	288
十六烷值（最小）		40	
浊点（最大），℃	−12	−37	
闪点（最小），℃	40	38	38

NWR 公司选择 Unicracking™ 技术和 Unionfining™ 技术用于加工来自沥青常减压蒸馏塔的直馏柴油和减压瓦斯油，以及来自沸腾床加氢裂化的石脑油、柴油和减压瓦斯油。NWR 公司选用 Unicracking™ 技术和 Unionfining™ 技术的加工目标是：

（1）最大化转化减压瓦斯油。

（2）最大化生产柴油（1D 柴油和本地柴油），同时满足闪点、十六烷值和浊点方面的规格要求。

（3）催化剂运转周期最少 24 个月，优选 36 个月。

（4）最大化沸腾床加氢裂化减压瓦斯油终馏点，同时保持催化剂稳定运行。

3 UOP 公司工艺技术和加工过程

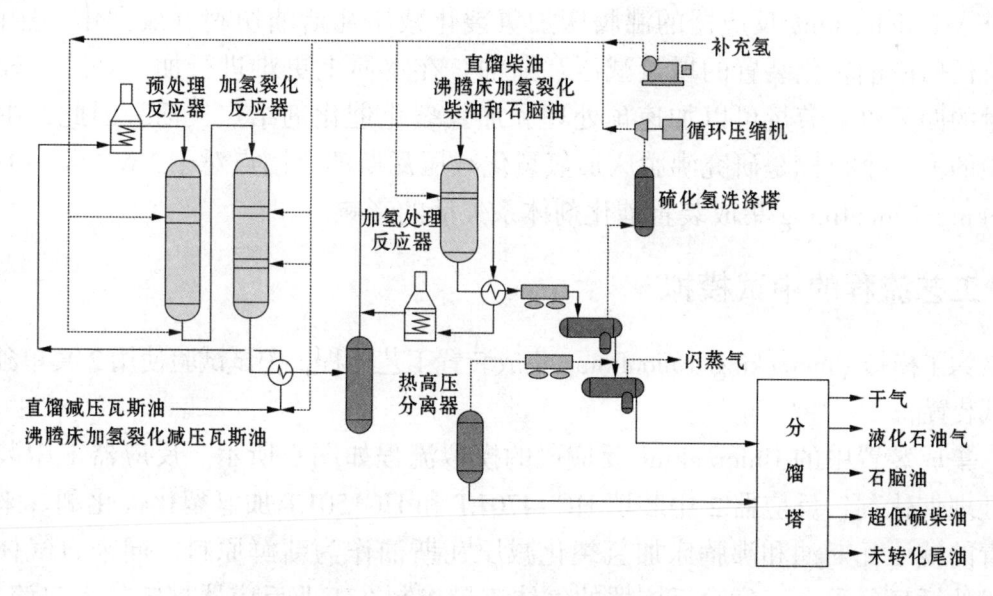

UOP 公司设计了一套 Unicracking/Unionfining 集成装置，以满足 NWR 公司的需求，同时降低了建设成本和运营成本。加氢裂化和加氢处理装置的简化工艺流程如图 5 所示，直馏减压瓦斯油和沸腾床加氢裂化减压瓦斯油作为 Unicracking 装置的原料，直馏柴油、沸腾床加氢裂化石脑油和柴油是 Unionfining 装置的原料。

图 5 Unicracking/Unionfining 集成装置简化工艺流程

高活性Ⅱ类加氢处理催化剂用作 Unicracking 加氢预处理。UOP 公司选择 HC-150LT 和 HC-470LT 催化剂用于 Unicracking 加氢裂化，是灵活型催化剂，属于 Unity™ 催化剂产品系列。灵活型加氢裂化催化剂具有最大化生产柴油催化剂和最大化生产石脑油催化剂之间的裂化活性。两种 Unicracking 加氢裂化催化剂的装填实现了改善柴油低温流动性和改善十六烷值之间的平衡。减压瓦斯油的目标转化率为 80%~90%（质量分数）。加氢处理反应器进行柴油深度脱硫，使硫含量小于 10μg/g，以及进行芳烃饱和以改善柴油十六烷值。以沥青和沸腾床加氢裂化中间产物作为原料，考虑到已知的同时满足柴油低温流动性、馏程和十六烷值所带来的困难，UOP 公司和 NWR 公司共同开展了大量的中试试验。

为满足闪点和浊点规格要求，必须确定 1D 柴油与重柴油之间或全馏分柴油与未转化尾油之间的实沸点切割点。柴油较低的切割点排除了较高碳数、较高十六烷值的组分，降低了柴油的十六烷值。与之相反，最大切割点受到分馏塔效率、最高 90% 馏出温度、最低柴油浊点等限制。Unicracking/Unionfining 集成装置中的轻柴油通过添加或去除重质石脑油来调整闪点。由于 Unicracking/Unionfining 集成装置总收率受到这些切割点的影响，通过优化切割点来生产 1D 柴油和本地重柴油是非常重要的。已经公布的用于预测柴油低温流动性和十六烷值的关联式对于沥青衍生物是不准确的，需要进行中试试验来确定切割点。

另外，由于加氢裂化装置和气化装置间的效益增量是巨大的，NWR 公司希望进入 Unichacking 反应器的沸腾床加氢裂化减压瓦斯油切割点最大化。然而，来自任何渣油转化装置的增量减压瓦斯油，在本质上更难进行加工处理，较高含量的四环以上芳烃可以加速预处理和加氢裂化催化剂结焦失活。因此，中试试验的另一个目标是研究沸腾床加氢裂化减压瓦斯油终馏点对于 NWR 公司 Unicracking/Unionfining 集成装置催化剂体系失活的影响。

4 工艺流程的中试模拟

为了模拟 Unicracking/Unionfining 集成装置工艺流程，中试试验使用 2 套单独的中试装置。

集成装置中的 Unicracking 反应段的模拟流程如图 6 所示。反应器 1 中装填预处理催化剂，反应器 2 中装填 HC-470LT 和 HC150LT 加氢裂化催化剂。来自沥青的减压瓦斯油和沸腾床加氢裂化减压瓦斯油作为新鲜原料，同来自气体压缩机的循环气混合。每台反应器的气体流量控制在工业反应器规定的入口流量，在反应器 1 中进行急冷。调节预处理催化剂温度以维持目标氮含量。调节加氢裂化催化剂温度以控制总转化率。控制高压分离器压力和循环气体纯度，使反应器在商业氢分压（约为 124bar）条件下进行操作。常压塔分馏出的石脑油，将在工业装置的热高压分离器蒸汽中被携带到 Unionfining 装置。常压塔塔底物流进入减压塔。减压塔切割点为由工程模拟确定的热高压分离器切割点，约为 260℃。这种模拟的热高压分离器切割点比工业操作更灵敏，不包括一些重质馏分。重柴油与未转化尾油之间的切割点明显高于中试装置减压塔切割点。减压塔塔底物流模拟工业上的热高压分离器物流。来自中试装置的常压塔塔顶馏出物和减压塔塔顶馏出物的混合物模拟从热高压分离器到 Unionfining 反应器的净液体进料量。

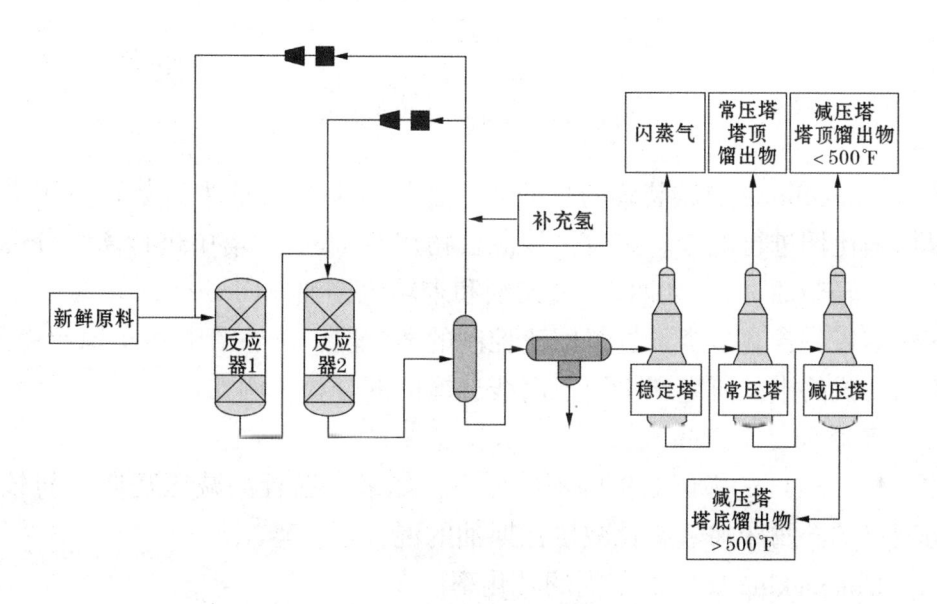

图 6　Unicracking 中试装置流程

工业集成装置中的 Unionfining 反应段的模拟流程如图 7 所示。反应器中装填高活性 II 类加氢处理催化剂。新鲜原料是来自 Unicracking 中试装置的常压塔塔顶馏出物和减压塔塔顶馏出物，以及源自沥青的直馏柴油和沸腾床加氢裂化石脑油和柴油的混合物。常压塔和减压塔塔顶馏出物按比例混合，基于 Unicracking 新鲜进料量、Unicracking 中试装置常压塔和减压塔塔顶馏出物收率及 Unionfining 新鲜进料量。加氢处理反应器的循环气比率基于 Unicracking 来自热高压分离器的绝对气体进料量和 Unionfining 总进料量。注入硫化氢以模拟来自热高压分离器的硫化氢。控制高压分离器压力使反应器在工业氢分压条件下操作。总液体产物进行取样分析有机硫含量，如果需要，则调节预处理催化剂温度以维持目标硫含量。在这种情况下，Unionfining 中试装置进料通过加氢处理使硫含量小于 $10\mu g/g$，并增加芳烃的饱和度，提升柴油十六烷值。

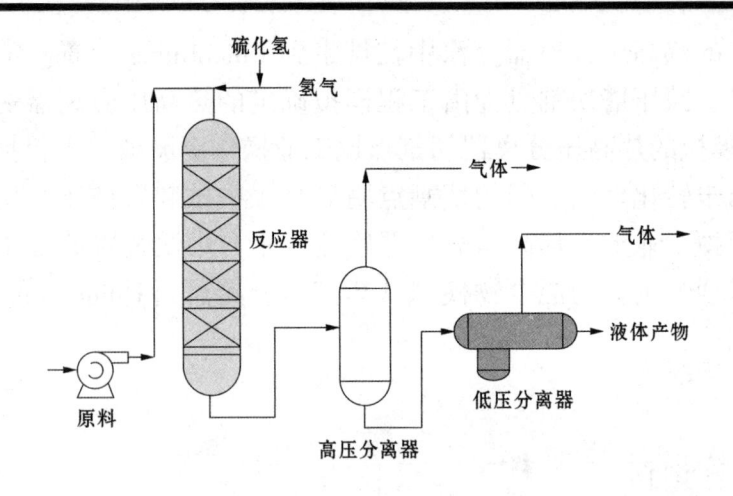

图 7　Unionfining 中试装置流程

来自 Unionfining 中试装置的总液体产物与 Unicracking 中试装置减压塔塔底物流以精确比例进行混合。然后，该混合物在 Oldershaw 塔中进行离线分馏，生成石脑油、轻柴油（1D 柴油）、重柴油和未转化尾油。Oldershaw 塔是一个大型实验室蒸馏塔，含有多个可进行回流控制的蒸馏段，能够清晰地实现产物分离。针对不同模式的中试研究产生用于离线分馏的混合物，例如：

（1）冬季和夏季产品规格。

（2）Unicracking 中试装置的不同原料，如来自沥青的减压瓦斯油与较低和较高切割点的沸腾床加氢裂化减压瓦斯油的混合物。

（3）Unicracking 反应器不同的转化率。

（4）Unicracking 装置较高和较低的预处理苛刻度。

5　Unicracking 中试装置原料性质

中试装置减压瓦斯油（来自沥青和沸腾床加氢裂化）原料的物理化学性质见表 3。用于中试研究的直馏减压瓦斯油来自冷湖沥青和阿萨巴斯卡沥青的减压瓦斯油混合物。对每种进料组分性质进行观察，可以看出，来自沥青和沸腾床加氢裂化的减压瓦斯油含有大量的环烷烃和芳烃组分，含量分别为 94%（质量分数）和 85%~87%（质量分数）。即使在苛刻的加氢条件下生成的沸腾床加氢裂化减压瓦斯油，其氮浓度也是比较高的。由于相对容易加工的含氮化合物在沸腾床加氢裂化中已经反应生成氨，因而较难加工的含氮化合物集中在减压瓦斯油中，这些含氮化合物预计将更加难以转化。虽然 Unicracking 装置通过设计合适的氢分压和空速可以容忍适度的有机氮含量和高的氮含量，但沸腾床加氢裂化减压瓦斯油中高含量的四环芳烃和五环芳烃能够加速催化剂生焦失活。按照该来源进料的工业标准，沸腾床加氢裂化减压瓦斯油组分的终馏点比较高。

表3 Unicracking 中试装置减压瓦斯油性质

原料		冷湖减压瓦斯油	阿萨巴斯卡减压瓦斯油	沸腾床加氢裂化减压瓦斯油（低终馏点）	沸腾床加氢裂化减压瓦斯油（高终馏点）
物理化学性质	比重	0.962	0.963	0.936	0.946
	API 度,°API	15.6	15.5	19.7	18.1
	硫含量,%（质量分数）	3.17	3.17	0.67	0.88
	氮含量, μg/g	1450	1550	4120	4670
	康氏残炭,%（质量分数）	0.33	0.33	0.01	0.27
	庚烷沥青质,%（质量分数）	0.02	0.03	0.02	0.07
馏出温度（D2887 模拟蒸馏）,℃	0.5%/10%（质量分数）	301 / 348	293 / 344	314 / 349	313 / 351
	50%（质量分数）	429	427	412	413
	90%/95%（质量分数）	508 / 528	506 / 526	467 / 481	501 / 522
	99.5%（质量分数）	583	584	520	571
组成,%（质量分数）	正构烷烃	1.4	1.9	5.4	5.6
	异构烷烃	5.1	4.4	9.8	7.1
	环烷烃	31.4	31	28.5	31.8
	单环芳烃	13.7	14.4	13.2	10.6
	双环芳烃	21.7	22.1	15.9	14.0
	三环芳烃	14.3	14	12.9	15.2
	四环及以上芳烃	12.3	12.1	14.3	15.7

Unicracking 中试试验使用的3种原料如下：
(1) 冷湖沥青与阿萨巴斯卡沥青减压瓦斯油混合物。
(2) 沸腾床加氢裂化低终馏点减压瓦斯油与沥青减压瓦斯油混合物。
(3) 沸腾床加氢裂化高终馏点减压瓦斯油与沥青减压瓦斯油混合物。

基于沸腾床加氢裂化减压瓦斯油的混合比例，增加中试装置空速。随着沸腾床加氢裂化减压瓦斯油终馏点的提高，空速反映了沸腾床加氢裂化减压瓦斯油较高的进料速率。在 Unicracking 和 Unionfining 中试试验中，采用中东原料进行 2~4 周的催化剂体系平衡。

6 Unicracking 中试试验结果讨论

Unicracking 装置加工沥青和沸腾床加氢裂化减压瓦斯油的试验设计见表 4。通过中试装置运行试验的不同阶段来测试原料组成、预处理苛刻度和加氢裂化转化率对催化剂活性和稳定性、产物收率和质量的影响。Unicracking/Unionfining 集成装置中试试验的总体产物质量将在随后的表 7 中进行介绍。Unicracking 中试装置的每个阶段产生的热高压分离器顶部物流作为 Unionfining 中试装置进料,产生的热高压分离器底部物流与 Unionfining 中试装置的总液相物流混合进入 Oldershaw 塔进行分馏。Unicracking 中试试验运行 2000h 以上。

表 4 Unicracking 中试装置试验设计

阶段	减压瓦斯油来源	预处理馏出物氮含量,μg/g	加氢裂化转化率,%(质量分数)
1	中东	基准	81
2	沥青	基准	81
3	低终馏点沸腾床加氢裂化/沥青	基准	81
4	高终馏点沸腾床加氢裂化/沥青	基准	81
5	高终馏点沸腾床加氢裂化/沥青	基准	86
6	高终馏点沸腾床加氢裂化/沥青	10 倍基准	86

Unicracking 中试研究的预处理催化剂温度与基准馏出物氮含量归一化曲线如图 8 所示。以中东减压瓦斯油作为参考,其预处理所需温度反映出预处理催化剂是平衡剂。源自沥青的减压瓦斯油相较于参考减压瓦斯油具有较高含量的有机氮,并且将预处理馏出物的有机氮浓度降至基准浓度所需的温度较低。因此,源自沥青的减压瓦斯油中的含氮化合物相对容易转化。UOP 公司专有的脱氮动力学模型表明,沥青直馏减压瓦斯油中有机氮转化活性高于参考减压瓦斯油。相反,与沥青直馏减压瓦斯油相比,掺混沸腾床加氢裂化减压瓦斯油导致整个进料混合物的脱氮活性下降。基于模型参数值,假设脱氮活性下降是由于沸腾床加氢裂化减压瓦斯油中烃的抑制。由于源自沥青的减压瓦斯油和沸腾床加氢裂化减压瓦斯油间的分子组成、密度和模拟蒸馏数据看起来极为相似,因此基于分子组成并不能清晰地解释这一结果。同样,烃分子类型也不能预示预处理催化剂的活性下降。沸腾床加氢裂化减压瓦斯油中的多环芳烃和沥青质强烈吸附于催化剂上,具有较高的生焦潜力。除了对新鲜进料脱氮之外,预处理

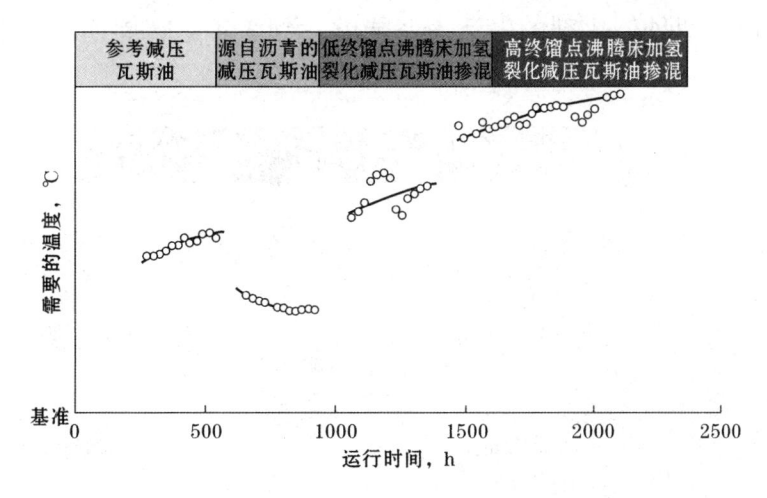

催化剂将进料加工为更加饱和的、更少生焦的物料，用于加氢裂化催化剂。

图8 归一化的预处理催化剂温度

（基准氮含量归一化）

归一化的加氢裂化催化剂温度如图9所示。参考减压瓦斯油的加氢裂化催化剂所需温度反映了催化剂的平衡活性。虽然源自沥青的减压瓦斯油比参考减压瓦斯油具有较高含量的有机氮，但达到81%（质量分数）的基准转化率所需温度较低，表明源自沥青的减压瓦斯油中的烃分子相对容易转化。UOP公司专有的加氢裂化动力学模型表明，与参考减压瓦斯油相比，沥青直馏减压瓦斯油中烃转化频率因子相对更高。与沥青直馏减压瓦斯油相比，掺混沸腾床加氢裂化减压瓦斯油导致整个进料的烃转化频率因子下降。基于模型参数值，假设加氢裂化活性降低是由于烃组成带来的裂化反应抑制。比较沥青直馏减压瓦斯油与沸腾床加氢裂化减压瓦斯油组分时，基于观察到的相似含量的分子类型，这一结果并不明显。UOP公司 HC-470LT/HC-150LT 加氢裂化催化剂体系在选定的操作条件下加工来自预处理的原料是稳定的。

基于预处理催化剂在基准馏出物目标有机氮含量条件下和80%~90%（质量分数）目标转化率条件下的温差，中试试验显示预处理反应器馏出物的氮含量目标或催化剂装填配置需要鉴于这种温度不平衡重新评估。基于可利用的循环气体压缩机能力，在基准氮含量条件下，将预处理催化剂出口温度降低到加氢裂化入口温度需要很大的急冷量。Unicracking中试装置的第6阶段试验评估了预处理和裂化温度间的平衡。第6阶段试验在较低的预处理催化剂温度和较低的苛刻度以及10倍的馏出物基准氮含量条件下操作。根据第6阶段中试试验结果，UOP公司确定了首选的商业预处理催化剂馏出物有机氮含量，处于中试试验测试的两个值之间。以这种方式,获得了两种催化剂之间合理的急冷气体需求,并且预计两种催化剂的失活速率能够达到3年运转周期的要求。

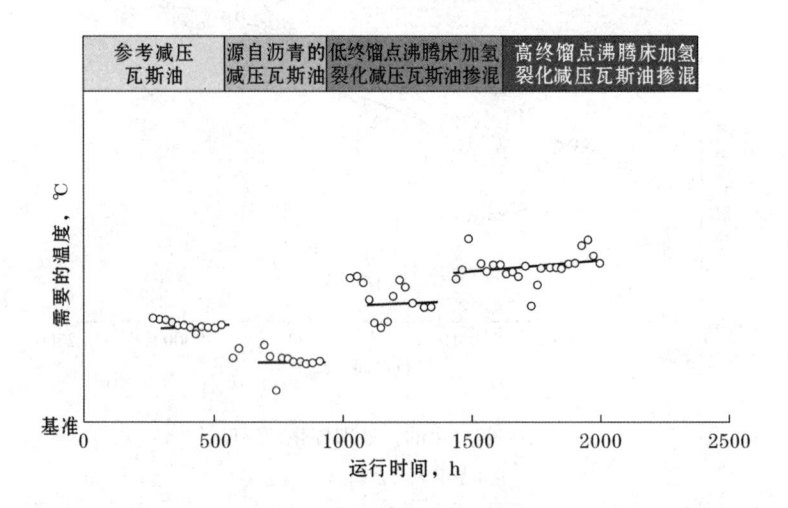

图9 归一化的加氢裂化催化剂温度
[基准氮含量81%(质量分数)转化率归一化]

来自Unicracking中试装置不同操作阶段的产物收率见表5。对研究进料变化影响的第2阶段至第4阶段进行比较,在基准氮含量81%(质量分数)转化率条件下,并未显示出不同产物收率的显著差异。总柴油收率超过了NWR公司的预期。在第5阶段增加5%(质量分数)的转化率有利于增加轻石脑油和重石脑油的收率,重石脑油是石脑油池的调和组分,也可用于柴油池以降低冬季柴油的闪点。

表5 Unicracking中试装置产物收率

	阶段	2	3	4	5	6
收率,%(质量分数)	石脑油	4.5	4.2	4.2	4.9	5.0
	轻柴油	34.8	34.5	34.2	37	36.1
	冬季重柴油	14.1	14.6	14.1	13.5	13.3
	夏季重柴油	9.5	11.0	10.9	9.6	9.6
夏季转化率,%(质量分数)		81.1	81.3	81.6	85.6	86.1

7 Unionfining中试装置原料性质

Unionfining中试装置进料的物理化学性质和分子组成见表6,表中的阶段数对应于Unicracking中试装置的阶段数。工业装置新鲜进料是来自Unicracking装置热高压分离器气体中携带的$C_5 \sim 260$℃液体产物、源自沥青的直馏瓦斯油以及沸腾床加氢裂化柴油和石脑油。在中试试验中，这种$C_5 \sim 260$℃液体产物是Unicracking中试装置常压塔塔顶和减压塔塔顶液体产物。因此，来自Unicracking中试装置相应试验阶段的常压塔塔顶和减压塔塔顶产物与沥青直馏常压瓦斯油（柴油）以及沸腾床加氢裂化柴油和石脑油混合。不同的原料掺混后，其物理化学性质和馏程非常相似。同样，阶段2至阶段5中通过二维气相色谱分析的分子组成也非常相似。由于Unicracking预处理催化剂在较低的苛刻度和饱和较少的芳烃条件下运行，阶段6的分子组成更具芳香性。比较阶段5和阶段6，较高的芳烃含量也可以从较高的进料密度和较低的十六烷值推断出来。与源自常规原油的进料相比，这些进料中的异构烷烃、环烷烃和芳烃含量要更高，使柴油具有较低的十六烷值及较好的低温流动性。

表6 Unionfining中试装置原料性质

	阶段	2	3	4	5	6
物理化学性质	比重	0.822	0.825	0.823	0.818	0.822
	API度，°API	40.5	40.0	40.6	41.5	40.7
	氢气，%（质量分数）	13.64	13.56	13.64	13.70	13.58
	硫含量，%（质量分数）	0.44	0.44	0.41	0.43	0.43
	氮含量，μg/g	480	470	470	440	490
馏出温度（D2887模拟蒸馏），℃	0.5%/10%（质量分数）	36/104	32/108	20/103	-1/98	10/102
	50%（质量分数）	220	221	221	219	221
	90%/95%（质量分数）	332/354	330/352	331/352	330/351	332/354
	99.5%（质量分数）	383	380	380	380	384
组成，%（质量分数）	正构烷烃	7.6	7.7	7.7	7.8	8.4
	异构烷烃	23	22.3	23.2	24.4	15.7
	环烷烃	45.9	46.3	44.9	43.9	47.2
	单环芳烃	19.1	19.5	19.8	19.7	21.3
	双环芳烃	3.9	3.8	3.8	3.7	6.4
	三环及以上芳烃	0.4	0.4	0.5	0.4	1.0

8 Unionfining中试试验结果讨论

Unionfining反应器中装填高活性Ⅱ类加氢处理催化剂以进行深度脱硫和芳

族饱和反应。在中试试验中加氢处理催化剂在117bar氢分压下进行操作，由商业Unicracking反应段中热高压分离器计算气体比率。

加氢处理催化剂在阶段1中利用常规原油直馏柴油进行约1个月时间的平衡，然后进行阶段2至阶段6试验。中试试验中Unionfining反应器以预估的初始运行温度操作，总液体产物硫含量降至2μg/g。虽然在加氢处理催化剂的操作苛刻度下，柴油中存在一定含量的硫，但装置操作维持在增加柴油中的芳烃饱和反应。

9 集成装置产物性质讨论

Unionfining中试装置每个阶段的总液体产物与相应阶段的Unicracking中试装置减压塔塔底物流按照精确比例进行掺混，模拟Unicracking/Unionfining集成装置总液体产物。每个阶段混合后的产物在Oldershaw塔中进行离线分馏，分馏出不同实沸点馏程范围的馏分油，如石脑油、1D柴油（轻柴油），夏季和冬季本地重柴油及未转化尾油。

表7列举了每个试验阶段Oldershaw塔离线分馏产生的不同柴油的性质。ASTM D6890测试方法使用点火延迟的测定作为十六烷值的间接测量或者衍生十六烷值[10]。对于NWR公司来说，1D柴油是关键产品。在不使用十六烷值改进剂时，柴油十六烷值要达到40。中试试验中1D柴油和重柴油间选择的实沸点切割点使得ASTM D86 90%馏出温度明显低于288℃的最大值要求。因此，1D柴油重新进行切割以增加ASTM D86 90%馏出温度，使更高碳数和更高十六烷值组分进入1D柴油中。1D柴油的十六烷值大于40（表7）。事实上，基于重新切割的产物馏程以及适应北极气候的低温流动性，NWR公司具有进一步增加十六烷值的生产灵活性。在不同的中试试验阶段生产的所有牌号柴油都能够满足十六烷值大于40的规格要求。不同阶段产生的柴油中的芳烃含量通常为8%~15%（质量分数）。芳烃和对应的环烷烃之间的十六烷值差值通常为20~25。因此，假如所有的芳烃都被饱和，十六烷值的最大增长潜力为2~4个单位。本研究中生产的1D柴油和冬季柴油也具有适合冬季或北极气候的低温流动性。例如，在所有试验阶段，1D柴油浊点均小于或等于-55℃。同样，不同试验阶段的本地冬季柴油浊点均低于-30℃。总体来说，使用UOP加氢处理技术加工沥青直馏组分或沥青组分与沸腾床加氢裂化组分的混合物，生产的柴油能够达到或超过十六烷值的最低要求，而且本研究生产的柴油具有特殊的低温流动性。

表7 Oldershaw塔分馏的不同柴油的性质

阶段		2	3	4	5	6	6（增加柴油切割点）
1D柴油（轻柴油）	十六烷值（D6890）						40.5
	浊点,℃	<-60	<-60	<-60	<-60	<-60	-60
	倾点,℃	-66	-65	-64	-63	-65	-56
冬季重柴油	十六烷值（D6890）	52.1	51	51	50	50.3	54.1
	浊点,℃	-27	-26	-28	-27	-28	-20
	倾点,℃	-36	-26	-28	-27	-29	-18
夏季重柴油	十六烷值（D6890）	56.9	58	54.4	53.6	54.3	59.5
	浊点,℃	-16	-15	-17	-16	-17	-12
	倾点,℃	-18	-15	-18	-16	-36	-12
本地冬季柴油	十六烷值（D6890）	42.6	41.1	42.2	41.2	42.1	42.4
	浊点,℃	-34	-42	-40	-43	-45	-38
	倾点,℃	-48	-61	-60	-57	-53	-54
本地夏季柴油	十六烷值（D6890）	46.6	47.2	45.3	45.6	44.5	47.1
	浊点,℃	-29	-15	-32	-28	-31	-27
	倾点,℃	-43	-43	-44	-37	-63	-39

10 结 论

沥青是由较轻的原油降解产生的，比超重油更黏稠，其化学组成高度环化，含有大量的芳烃、环烷烃和有机杂原子（如硫、氮）。原油降解生成沥青时也使得部分减压渣油富集在沥青中。NWR公司Sturgeon炼厂配置了先进的技术，可以将沥青原料全部转化，高效生产成品油，如超低硫柴油和用于沥青输送的稀释石脑油。沸腾床加氢裂化将减压渣油转化为中间产物，如石脑油、柴油、减压瓦斯油和尾油。UOP公司设计了一套Unicracking/Unionfining集成装置，通过加工这些沸腾床加氢裂化中间产物和源自沥青的直馏柴油，主要生产满足NWR公司市场需求的超低硫柴油产品。沥青组分和沸腾床加氢裂化中间产物作为加氢裂化和加氢处理装置的原料，其非典型的分子组成能够确保NWR公司和UOP公司开展的中试研究可以更好地理解这些组分对催化剂活性和稳定性、产物收率和质量的影响。UOP公司设计了一个试验方案，利用最先进的中试装置和离线分馏研究进料组成、预处理苛刻度和加氢裂化转化的影响，达到模拟

Unicracking/Unionfining 集成流程的目的。UOP 公司利用中试装置数据了解如何将催化剂作为一个体系来微调操作参数，如 Unicracking 装置中的预处理和加氢裂化催化剂之间的温度平衡以满足 NWR 公司所需的催化剂运转周期。UOP 公司选择的催化剂体系和操作条件表明，沥青和沥青衍生的沸腾床加氢裂化组分可以利用 UOP 公司的 Unicracking™ 技术和 Unionfining™ 技术生产超低硫柴油，既能满足十六烷值要求，又具有适合于冬季或北极气候的低温流动性。NWR 公司和 UOP 公司将沥青和沥青衍生组分炼制成更高价值产品，是技术供应商和技术使用商之间合作的典范。

参 考 文 献

[1] Meyer RF, et al. Heavy Oil and Natural Bitumen Resources in Geological Basins of the World [R], US Geological Survey Open File Report, 2007-1084.

[2] BP. Statistical Review of World Energy 2016 [OL]. http://www.bp.com/en/global/corporate/energyeconomics/statistical-review-of-world-energy.html.

[3] http://summons.mit.edu/biomarkers/biomarker-classification/kerogen.

[4] http://www.CrudeMonitor.ca/home.php.

[5] Hitchon B. Geochemical Studies 4, Physical and Chemical Properties of Sediments and Bitumen from Some Alberta Oil Sand Deposits [R]. Alberta Research Council Open File Report, 1993-25.

[6] www.statoil.com/en/OurOperations/TradingProducts/CrudeOil/CrudeOilAssays.

[7] http://www.bp.com/en/global/bp-crudes/assays.html.

[8] Oil Sands Chemistry and Engine Emissions Roadmap Workshop. Edmonton, Alberta, June 6-7, 2005.

[9] Yuis, chung KH. Producing Premium Synthetic Crude oil from Oil Sands Bitumen: Syncrude's Experience.

[10] Ratcliff M A et al. Compendium of Experimental Cetane Numbers [R]. National Renewable Energy Laboratory Technical Report NREL/TP-5400-61693, August 2014.

催化裂化

AM-17-45

炼厂通过可控的催化剂卸料来改进催化裂化装置的操作

Martin Evans, Rick Fisher, Kate Hovey, et al
(Johnson Matthey Process Technologies, USA)
陈　红　马艳萍　译校

摘　要　总结了现有技术中从流化催化裂化装置卸出催化剂存在的问题。间歇式人工卸料不仅会引起与卸料管道完整性有关的潜在安全问题，而且还会影响再生器的稳定性，打破热平衡，导致收率下降，从而造成经济损失。重点介绍了位于路易斯安那州 Garyville 的 MPC 炼厂开发并实施了一种独创的连续式催化剂卸料系统，该系统实现了催化剂连续卸料，而且能够精确控制卸料率，因此卸料管道不会出现温度波动或在卸料速度过快时形成高温催化剂；它也可以更有效地冷却卸出的催化剂。连续式催化剂卸料系统的实施使得 MPC 炼厂更加平稳地控制反应器床层高度。结论认为，连续式催化剂卸料系统不仅能够避免潜在的安全问题，使装置运行高效平稳，还能提升经济效益。　　　　　　（译者）

1　引　言

　　流化催化裂化装置的动态复杂性意味着有很多地方可以进行优化，以最大限度地提高盈利能力和可靠性。许多炼厂通过实施最新的硬件革新来重点优化热平衡，如提高汽提塔效率或引入催化剂冷却器。通过优化新鲜催化剂的补充速率和使用添加剂也可以优化热平衡和目标产品分布，以便实现流化催化裂化装置盈利能力的最大化。众所周知，新鲜的催化剂和添加剂必须全天连续地注入装置，这避免了循环催化剂活性的突增和骤降，同时确保了装置的平稳运行，以最大限度地提高装置盈利能力。此外，人们意识到，从装置中连续卸出平衡催化剂也是具有经济效益的。马拉松石油公司（MPC）位于路易斯安那州 Garyville 的炼厂率先在催化剂的连续卸料方面进行了工艺优化，本文总结了他们的经验。

　　催化剂卸料的两个关键因素是：
（1）操作人员的安全性、卸料管道的完整性以及卸出催化剂在从炼厂移出运输前进行冷却。

（2）流化催化裂化装置操作稳定性，考虑最优化的热平衡和最高的经济效益。

本文描述了催化剂卸料对上述两个关键因素影响的细节，这些细节可以通过商业经验体现出来。

2 过去的做法：间歇卸料

随着流化催化裂化装置中催化剂的连续加入，循环催化剂的藏量逐渐增加，这使得再生器的床层高度增加。在许多流化催化裂化装置中，反应器的床层高度通常是由待生催化剂滑阀来控制，并保持在一个连续的高度以保证足够的汽提效率。由于旋风分离器不能达到催化剂与产物气体或烟气100%的分离效率，因此总有大量的催化剂从反应器和再生器中跑损。催化剂的跑损程度因装置而异，某些装置的催化剂跑损非常严重，以至于根本没有循环催化剂藏量，这是因为催化剂的跑损率等于新鲜催化剂的补充率。然而，理想情况下，催化剂的跑损是极小的，每天补充新鲜催化剂带来的催化剂藏量的逐渐增加需要从再生器中卸出一部分催化剂，以保持催化剂的藏量维持在可接受的范围内。

过去最常见的催化剂卸料方法是，当再生器达到一个特定床层高度时，就需要执行一次人工卸料。这是一个劳动密集型活动，它需要操作人员疏通再生器到待生催化剂料斗之间的工艺管线。热催化剂（通常高于1300 °F）具有很强的磨损性，尤其是在高速输送过程中，因此，催化剂卸料管线发生穿孔是很常见的，可以理解，这是一个非常值得关注的安全问题。

流化催化裂化装置的许可方通常会提供催化剂卸料管线的标准设计，这种设计会规定管材等级，用于冷却的翅片管剖面，以及用于观察的温度指示部件。通常也可以看到采用一些方法来控制卸料，而不需要部分关闭隔离阀，这些方法会牺牲掉孔板或文丘里管，这些部件随着时间的推移终将被磨损，并在每个运转周期都需要进行替换。有一些炼厂实际上使用了一些串联的手动阀，通过阻塞阀门来控制流量，在这种情况下，一旦一个阀门被明显磨损，炼厂将转而控制下一个阀门，并会持续这样处理直到运转周期内所有的阀门都需要更换为止。这是一个昂贵且不必要的操作实例。

大多数情况下，卸料率不能被很好控制，卸料速度也不能计量，这是因为过多的载体或"冷却"空气会破坏卸料管道的完整性，特别是在管道的弯头和速度较高的区域，通常会形成孔洞。经验表明，当卸料速度保持在10ft/s以下时，磨损程度明显降低，并且当卸料速度降低时，通过管道翅片段的催化剂冷却效果会更好。

除了上面提到的与间歇式卸料有关的安全问题以外,装置的稳定性也受到再生器床层高度周期性变化的影响。当再生器床层高度因为阶段变化降低时,就会对热平衡产生影响并直接影响催化剂循环,最终影响装置转化率。例如,美国一家炼厂,间歇卸料约为5%的装置藏量,催化剂的卸料量大约相当于10.5×10^3 lb平衡催化剂,卸料时间约为8min。这种卸料率只有催化剂循环率的3.5%,但其影响却非常显著,再生器温度升高了7 ℉,卸料周期如图1所示,对再生器温度的影响如图2所示。

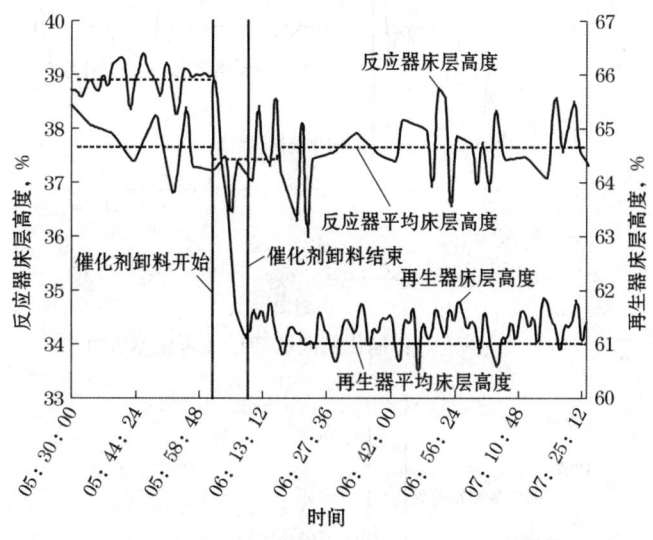

图1 美国炼厂1:催化剂间歇卸料(床层高度)

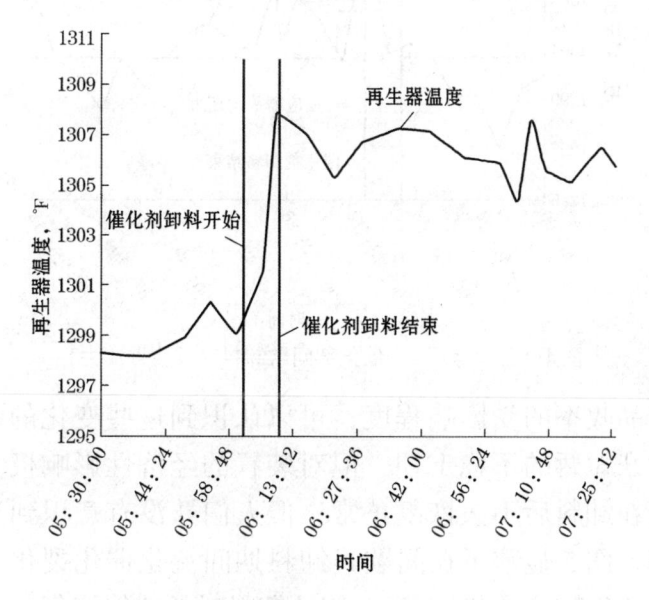

图2 美国炼厂1:催化剂间歇卸料(再生器温度)

除了会提高再生器的温度以外,再生器的压力也在间歇式卸料过程中大幅攀升,图3和图4显示了间歇式卸料过程中再生器和反应器压力的相应变化。

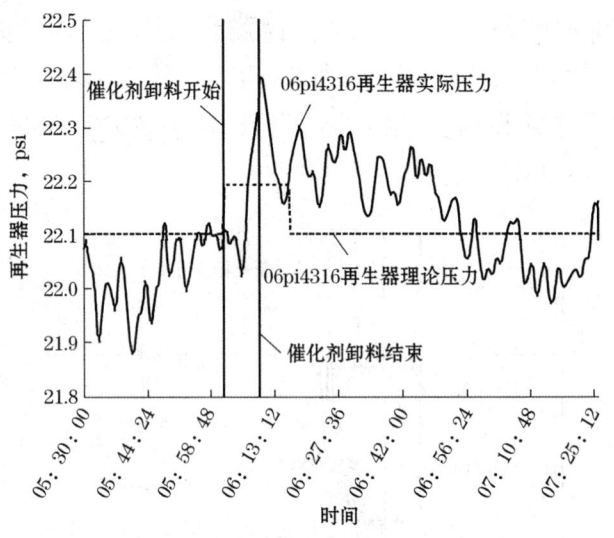

图3 美国炼厂1:催化剂间歇卸料(再生器压力)

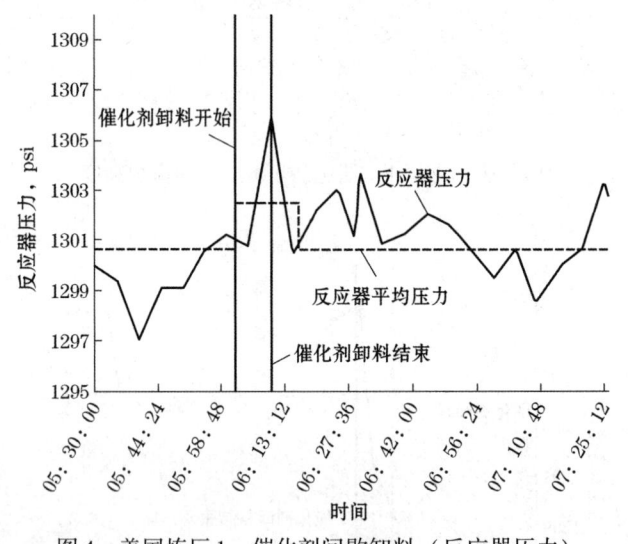

图4 美国炼厂1:催化剂间歇卸料(反应器压力)

通过观察产品收率的受影响程度,可以认识到这些变化的重要性。虽然间歇式卸料只会带来短暂的不稳定期,但对装置的经济性影响极大。再生器的温度和压力可能会在卸料后不久恢复正常,但人们并没有意识到这会影响产品产量和装置转化率。图5显示了在间歇式卸料期间流化催化裂化装置的油浆产率提高了1%(质量分数),同时需要2倍的卸料时长才能恢复正常运行。

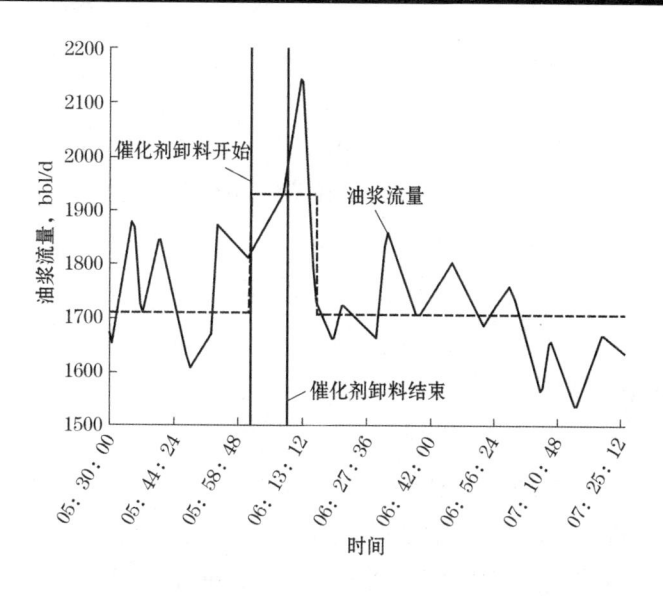

图5 美国炼厂1：催化剂间歇卸料（对油浆产量的影响）

对再生器条件的影响不仅体现在对装置转化率有影响，同时也体现在对再生器的燃烧动力学有影响。过高的床层高度不仅会导致在密相段的停留时间延长，还会导致空气分布不均匀；再生器横截面的混合过程会受到影响，导致焦炭燃烧问题和局部区域高温。同样的道理，卸料会带来再生器床层高度下降，导致在密相段的停留时间缩短。图6显示了美国另一家炼厂，在其再生器床层高度增加的同时一氧化碳的量增高。烟气中一氧化碳浓度的变化趋势与床层高度变化密切相关，同时它还影响稀相段的温度，这样的波动是不希望发生的，应尽可能避免。

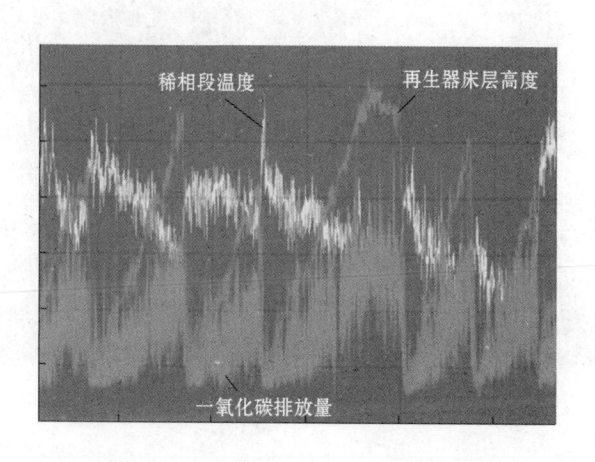

图6 美国炼厂2：催化剂间歇卸料（对再生器排放的影响）

3　一种新方法：连续卸料

采用连续的催化剂卸料有可能解决上述与间歇催化剂卸料有关的问题。催化剂连续卸料是一个比较新的概念，是由位于路易斯安那州 Garyville 的 MPC 炼厂率先提出的。2016 年 3 月，该公司安装了 1 套连续式催化剂卸料系统，目前这套系统正在运行中。该系统直接嵌入现有的卸料管道中，包括 1 个永久隔离阀、1 台容积式风机和 1 台三翅片的管中管式换热器来冷却催化剂以及 1 个收集罐来接收冷却的催化剂。

收集罐使用一种复杂的控制逻辑，能够利用再生器和收集罐之间的压力平衡来准确控制连续操作中的卸料速度。收集罐安装在称重传感器上，因此可以精确计量卸出催化剂的量。上述措施能够显著提高流化催化裂化装置中催化剂平衡终止的准确性，并大幅度降低催化剂跑损方面技术服务的难度。收集到的冷却催化剂可以在从炼厂运出前转移到平衡催化剂储料斗中。

连续催化剂卸料系统的另一个特征是设有平衡催化剂取样口。平衡催化剂取样口从再生催化剂立管转至催化剂卸料滑轨，这意味着操作人员不再需要经常接触高温催化剂。之前平衡催化剂的取样口不可靠，经常堵塞，这是一个安全问题，需要操作人员手动处理，而平衡催化剂冷却后再收集，消除了安全风险。图 7 为 Garyville 的 MPC 炼厂的连续催化剂卸料装置全貌。

图 7　连续催化剂卸料装置

整个催化剂卸料系统可以通过炼厂分布式控制系统（DCS）精确监控，使操作具有最大可视性。图8展示了一幅DCS图像的截图，操作人员可以改变卸料的设定值，查看设备状态，监控卸料率、温度和速度。

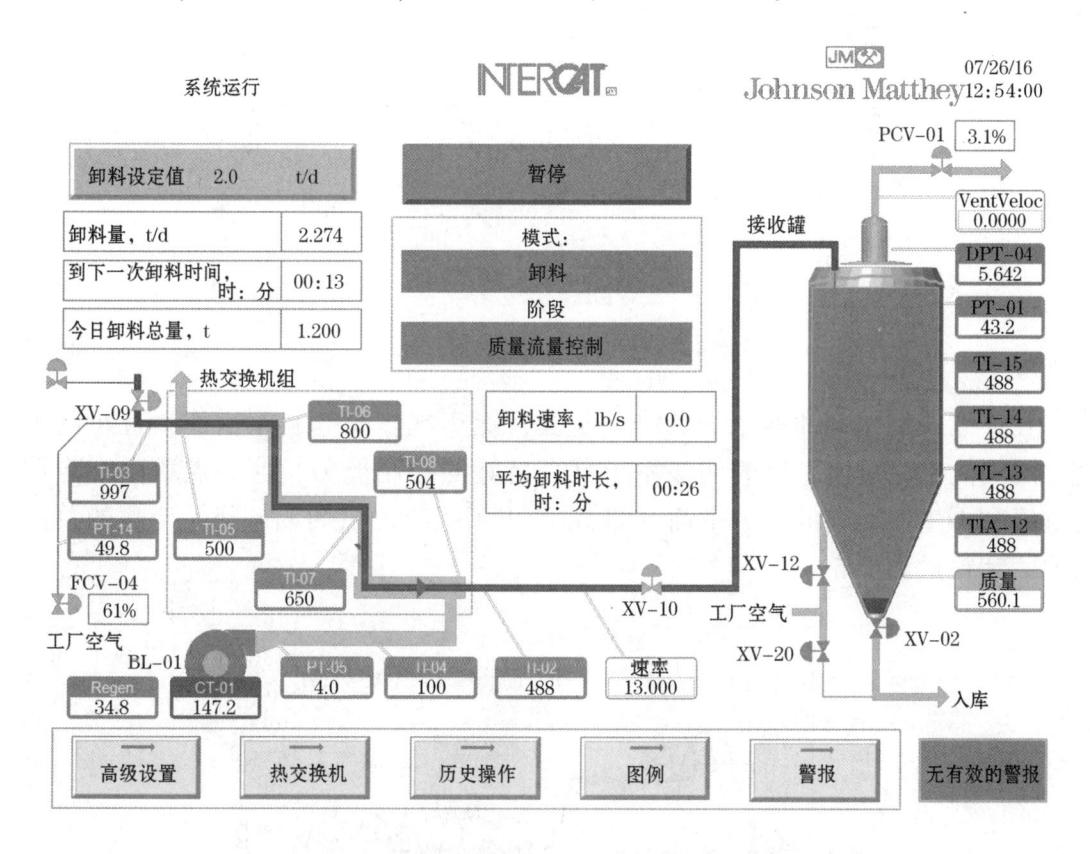

图8 连续催化剂卸料的DCS图像（工厂试验截图）

Garyville的MPC炼厂有一套灵活裂化设计的流化催化裂化装置，它采用溢流井来限定再生器的床层高度。在这个设计中，间歇式催化剂卸料直接影响反应器的床层高度，从而带来反应器汽提塔的停留时间和装置转化率的变化。此外，过去卸料过程中平衡催化剂的冷却不充分限制了催化剂搬运卡车的装车计划，这是因为热催化剂可能会损坏卡车。过去也经历过与间歇式卸料有关的由于管道磨损带来的安全问题。

作为连续式催化剂卸料系统的第1套装置，设备的冷却能力远远超出原来的设计能力，在卸料量较低时，催化剂的温度可以降低到100 °F。容积式风机满负荷运行，因此卸料量直接影响冷却速率，图9显示了3~18 t/d多个卸料量条件下采集到的数据。

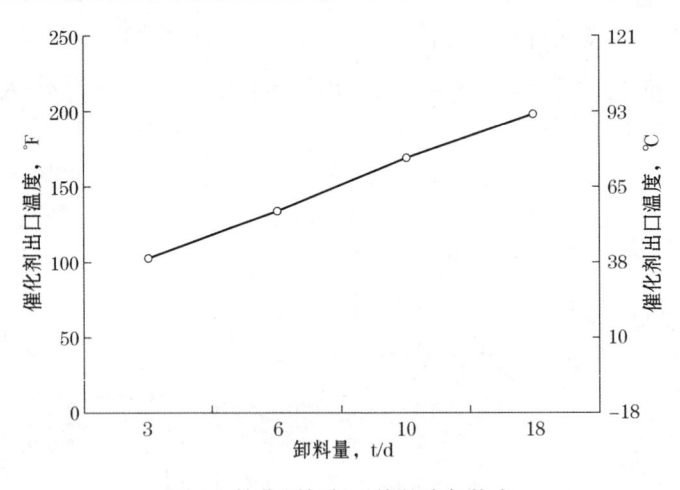

图 9　催化剂卸料系统的冷却能力

在连续式催化剂卸料系统的测试阶段，能实现多个卸料率操作，且每两个速率之间能平稳过渡，这表明该系统具有良好的控制能力，这一点取决于冷催化剂罐和再生器之间的压力平衡。图 10 给出了系统测试周期卸料量变化的总体情况，卸料量为 1.5~20t/d。

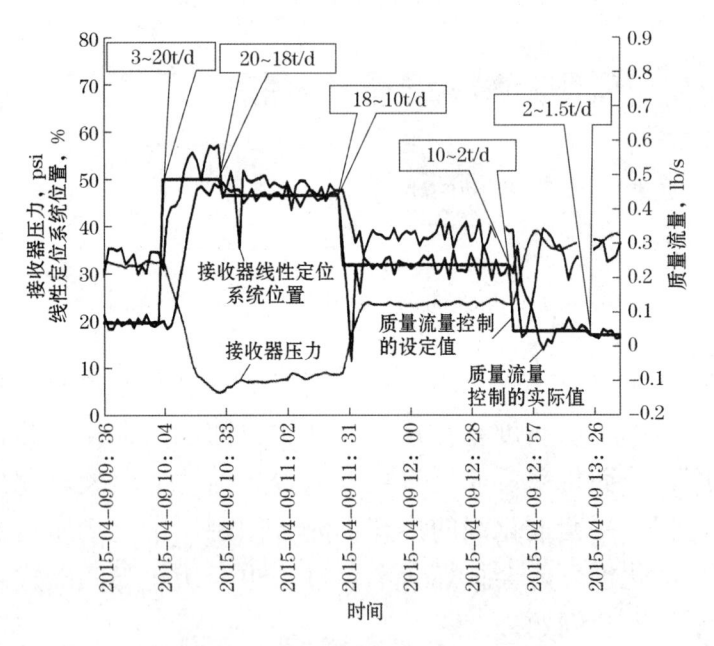

图 10　催化剂卸料系统测试周期（卸料速率的变化）

在这套灵活裂化装置上进行了调整卸料量来控制反应器床层高度的试验，获得了 6 个月的数据。此前，在间歇式卸料时很难控制反应器的床层高度，它的波动范围高达 9%，但是，在实施连续式卸料系统后，就可以实现对床层高度更加严格的控制。反应器床层高度的变化幅度从9%下降到5%，或者从与目标值偏差4.5%下降到偏差2.5%。通过在DCS上安装1台与催化剂卸料量级联的反应器床层高度控制器可以进一步缩小这一变化幅度，而不需要手动调整卸料量。图11显示了除几次短期中断外，6个多月里连续催化剂卸料系统的运行情况。图12显示了使用连续式卸料系统明显提升了反应器床层高度的控制能力。

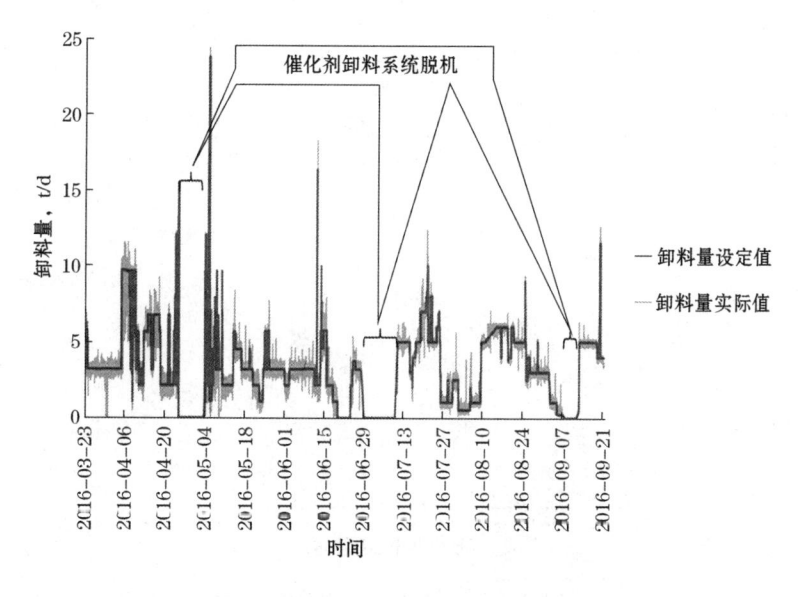

图11 催化剂卸料系统（运行超过6个月）

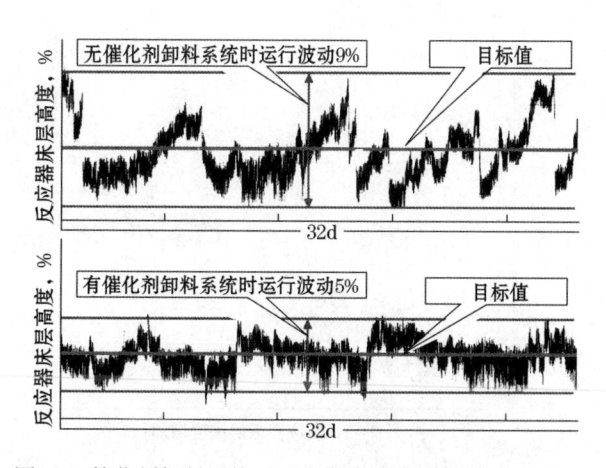

图12 催化剂卸料系统对反应器床层高度的影响

反应器床层高度的任何变化都会对流化催化裂化装置的热平衡产生影响，它会显著影响产品的收率。MPC炼厂意识到了这一点，因此通过催化剂卸料系统对反应器床层高度更加精确地控制，能够实现针对灵活裂化的流化催化裂化装置的强化优化试验。反应器的床层高度被控制在一系列不同的设定值范围内，同时对整个目标产品分布进行了评估。这就确定了该装置最佳操作的反应器床层高度，并且炼厂能够将反应器床层高度维持在这个值。该技术经济可行，MPC炼厂实施该项目1年内就收回了投资。图13和图14显示了反应器的床层高度如何影响再生器温度所代表的焦炭变化量，以及如何影响目标产品分布（特别是干气产率）。

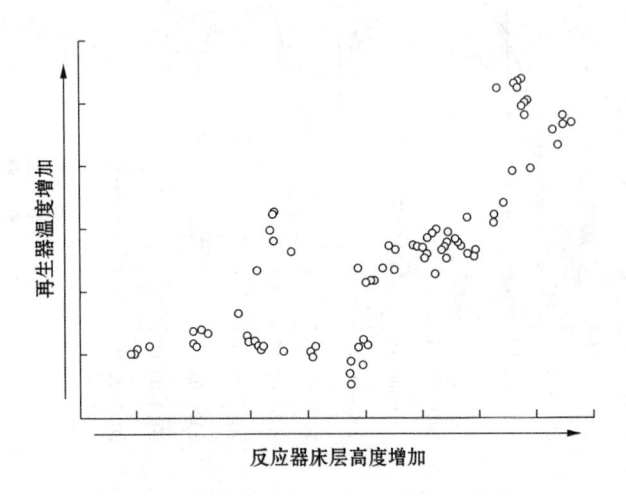

图13 反应器床层高度对再生器温度的影响

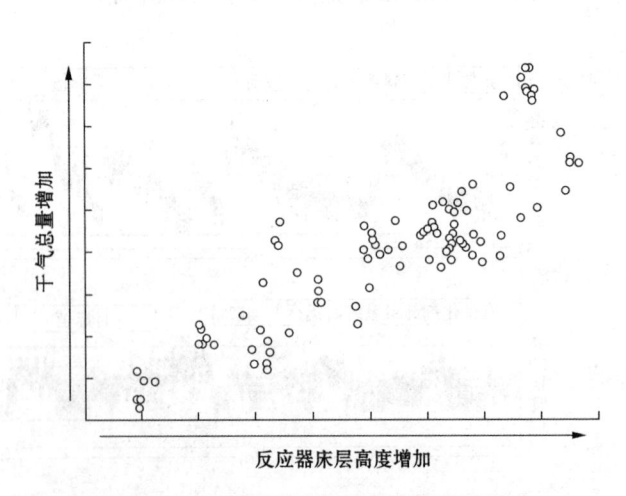

图14 反应器床层高度对干气产率的影响

4 结 论

本文总结了现有技术中从流化催化裂化装置中卸出催化剂存在的问题。传统的间歇人工卸料不仅会引起与卸料管道完整性有关的潜在安全问题，而且还会影响再生器的稳定性和燃烧动力学，这种催化剂间歇式卸料操作带来的不稳定期会打破热平衡，并导致收率下降，从而造成经济损失；它也会在燃烧动力学改变时造成再生器烟气组成的变化。

位于路易斯安那州 Garyville 的 MPC 炼厂开发并实施了一种创新的方法，使得催化剂的卸料能够连续进行。该系统能够精确控制卸料率，因此卸料管道就不会出现温度波动或在卸料速度过快时形成高温催化剂，而这在过去间歇式卸料过程中是不可避免的；它也可以更有效地冷却卸出的催化剂，这就意味着从炼厂移除平衡催化剂无须考虑高温催化剂会给运输卡车带来的问题。

Garyville 的 MPC 炼厂有一套灵活裂化的流化催化裂化装置，反应器的床层高度由装置中平衡催化剂的卸料情况控制。反应器床层高度的波动对装置热平衡和产品收率有显著影响。连续式催化剂卸料系统的实施使得 MPC 炼厂能够更加平稳地控制反应器床层高度，并确定了操作的最佳床层高度。这种做法带来了经济上的优势，该项目的投资回报期缩短到 1 年以内。MPC 炼厂率先通过稳定连续的催化剂卸料方式来优化流化催化裂化装置操作，并且从过时的行业规范和不可靠的间歇人工卸料操作中拓展出新的方向。

AM-17-77

计算颗粒流体动力学模拟技术提高催化裂化经济性

Peter Blaser, Ray Fletcher, Sam Clark (CPFD Software, LLC, USA)
王玲玲　李　琰　译校

摘　要　介绍了流化催化裂化（FCC）装置运行过程中影响装置操作灵活性的结构问题，重点分析了影响再生器分布不均、催化剂导致的磨损和催化剂循环稳定性等问题的主要原因，并分析了采用 Barracuda Virtual Reactor® 模拟软件时可通过模拟相关问题及解决方案的效果，合理选择相应的解决方案，调整操作、改进设备结构，减少对装置性能的影响，提高 FCC 装置的可靠性和经济性。Barracuda 虚拟反应器模拟技术还将针对影响 FCC 装置可靠运行的相关问题继续深入研究，使 FCC 工艺人员能够成功识别各类问题出现的根本原因并找到解决方案。
（译者）

1　引　言

流化催化裂化（FCC）装置在将低价值原料转化成更高价值液化石油气烯烃及汽车燃料产品方面已经应用了很长时间。FCC 装置适应性好，可适应不同类型、质量和成本的原料，也能适应产品市场价值的重大变化。这种适应性主要是因为装置所使用的催化剂及操作条件具有很好的灵活性，在检修期间的不同操作周期里可随时调变。

通过改进 FCC 装置组件结构或设计来增加盈利潜力是非常有限的，因为很难判断运行效果不佳的根本原因，以及预测若运行可靠性出现问题可能带来的负面影响。对一个稳定但不是最优的工艺进行调整，如果发生了不可预见的情况，所带来的收益很快就会消失，特别是调整导致的计划外停车。由于缺乏对改进效果在实施前进行预试的方法，因此对现状的判断非常不确定。

近年来，计算颗粒流体动力学工程模拟技术已经成为一项非常有效的工具，能够帮助炼厂监测其 FCC 装置内部情况并对设备及工艺设计改进所带来的效果进行测试。模拟技术已经用于解决一些问题，如装置磨损、催化剂损耗、尾燃现象及排放问题，能够判断这些操作问题出现的根本原因以及各种可能的解决方案的效果。

过去的12个月里已经有很多相关文章发表,主要讨论了FCC再生器中出现的分布不均等特殊情况[1-4]。近几年,很多炼厂使用BarracudaVirtual Reactor®模拟软件成功判断再生器出现长期、持续的尾燃和排放问题的根本原因,Virtual Reactor™已经用于大量减少或消除这种尾燃问题。

本文描述了一些其他的FCC装置操作特有的结构问题,这些问题会导致装置操作灵活性受到限制,进而对经济性造成负面影响。这些问题包括:再生器中的待生催化剂不完全燃烧俗称为再生催化剂"椒盐"现象;反应器和再生器硬件磨损导致的计划外停车或缩短使用周期;再生催化剂料斗入口及沿立管长度上通风不畅导致的流动性差以及缩短了催化剂循环速率。

前述的每个情况都会导致装置的操作灵活性受限,并且直接或者间接影响装置的盈利能力。一套FCC装置在整个计划操作周期内能够稳定运行将最可能为当今炼厂带来最大的盈利能力。在所有案例中,计划外停车仍然是导致FCC装置盈利能力降低的主要原因之一。

本文后续内容分为再生器分布不均、催化剂导致的磨损和催化剂循环稳定性3个主要部分。

2 再生器分布不均

对于多数炼厂来说,再生器分布不均仍然是影响FCC装置操作灵活性的主要原因。再生器中分布不均的两个主要特征是尾燃现象和/或排放物增加,几乎所有出现重大尾燃现象的主要原因都是由于待生催化剂进入再生器时在再生器横截面上分布不均匀,在垂直方向上有大量的催化剂混合但是水平面上的混合却非常有限[5]。

侧面注入催化剂经常导致催化剂在再生器中径向截面分布不足一半,这一数据是准确的,不管注射点是否配备了"跳台滑雪"("跳台滑雪"主要指在催化剂流面上设有角度为20°~30°的平板,用于控制待生催化剂的流向,增加向再生器径向截面中心方向的分流)。

再生器中设置有待生催化剂立管,并配备了诸如"雪犁"和多松动风量点等惯性分离装置后,再生器也会出现分布不均并导致尾燃现象("雪犁"是指安装在待生催化剂立管出口处的平板,用于在再生器径向截面上更均匀地分布催化剂)。

在这两种情况中,再生器中催化剂存放区域往往是富含碳的,这很快就会消耗掉所有可用的氧气导致再生器这一区域处于部分燃烧状态。在这一稀相区可观测到高浓度的一氧化碳。相反，催化剂入口处碳含量少，在稀相中存在过量的氧气。富一氧化碳区和富氧区在稀相区或旋风分离器中混合会导致尾燃现象[6]（图1）。

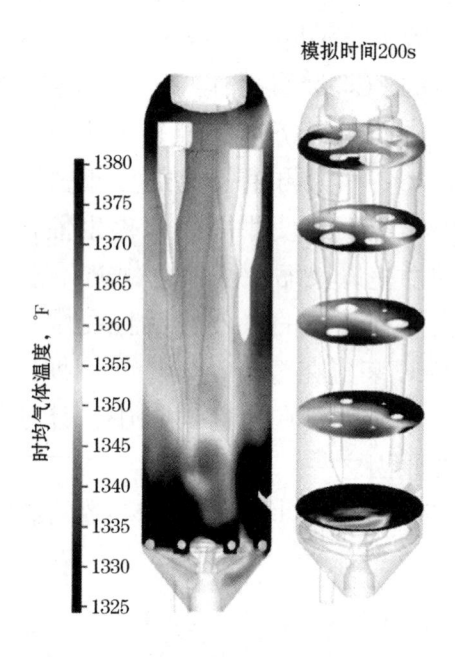

图 1　再生器侧入温度分布

此外，具有较大直径的中心入口再生器也容易出现分布不均，在这种情况下观测到的分布不均是一种中心/环流温度的分布，再生器核心或中心区域富含碳并将很快消耗掉可用的氧气，导致再生器稀相区出现低温及较高浓度一氧化碳，再生器中心区域碳含量就会变少，稀相区含过量氧气。这种富一氧化碳区和富氧区在稀相区上部或旋风分离器中混合导致尾燃现象（图2）。

偶尔，在长时间的运行周期结束后，由于燃烧空气栅格出现损坏也会观察到尾燃现象。出现这种情况的根本原因很容易检测，通常可以看到再生器的水平温度和垂直温度分布会出现同步的阶跃变化，而燃烧空气控制阀的压差则减少了阶跃变化。

然而，更常见的是，根据行业经验，如今观察到的尾燃是由于待生催化剂的分配不是最优的，而是根据结构本身进行分配的。过去的12个月里有3篇关于CPFD软件的论文详细描述了这些情况，读者可参阅这些文章[7]中对由结构带来的分布不均进而导致尾燃现象的症状、根源和解决方案的详细解释。

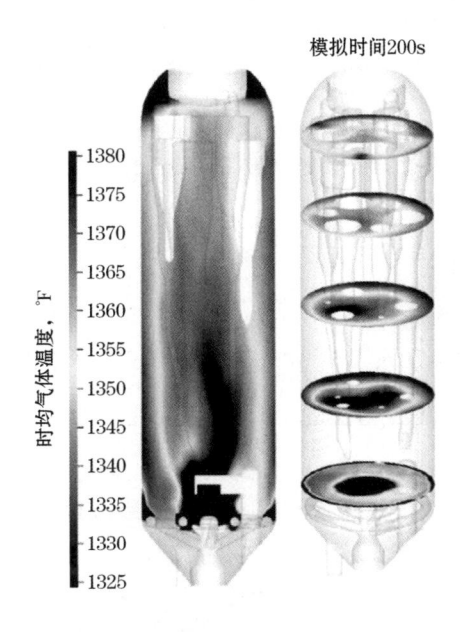

图2 再生器中心进入温度分布

在公开文献中还有待研究的分布不均的另一方面是对再生催化剂在许多装置中的所谓"椒盐"现象的观察。再生催化剂"椒盐"现象的出现是由于待生催化剂发生"短路"直接从待生催化剂入口处进入了再生催化剂料斗；任何未再生催化剂进入立管都会降低转化的效果，从而直接影响到装置的盈利能力。

工程判断通常是通过观察待生催化剂进入再生催化剂料斗的接近距离来推断造成"短路"的根本原因。一个成功的解决短路的方案可能是在待生催化剂入口处安装1个挡板，将待生催化剂从再生催化剂料斗入口分离出来。然而，许多炼厂的经验表明这些方法并不是总能成功的。

使用模拟技术能够使再生催化剂出现过"椒盐"现象的炼厂判断"短路"现象背后的根本原因。图3显示了再生催化剂表面炭含量与所有进入再生催化剂立管中的催化剂的关系。图3中出现了双峰分布；对于待生催化剂，大多数颗粒的碳含量都低于10%，而在图中右侧可观察到一个高峰，表明催化剂发生短路，直接从待生催化剂分布器进入立管中，与燃烧空气少量接触或没有接触。如图4所示，仅分析再生器中停留时间少于100s的待生催化剂时，可以看到会出现清晰的旁路。图5为导致出现"椒盐"现象的模拟结果的效果图。

通常情况下，再生器中普遍的流体模式是不直观的，很难预测，模拟技术能够帮助炼厂判断这类流体模式是否存在以及数量。这时炼厂就能够将模拟研

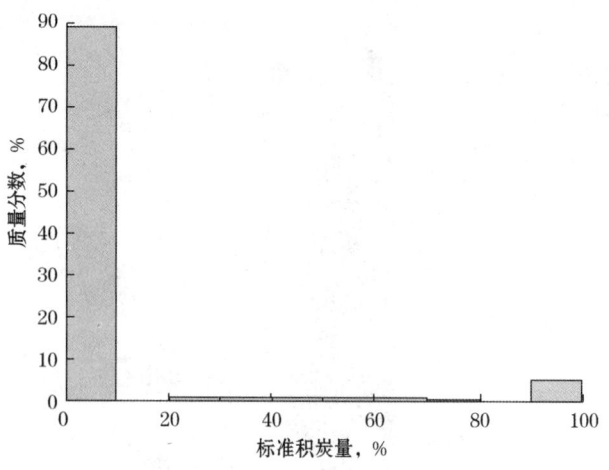

图 3　"椒盐"催化剂（以待生催化剂为标准）

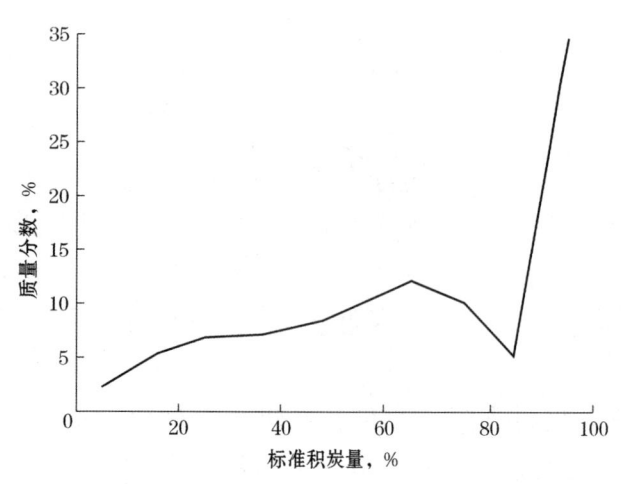

图 4　催化剂在再生器中停留时间较短时的积炭分布

究的结果交付给他们选定的工程公司来解决，炼厂也就能够通过模拟验证提出的修改方案的效果，确保根本原因已经得到了充分的解决，从而将技术改变带来的意外和不利后果降到最小。从作者的经验来看，不良后果会经常出人意料地出现，例如，调整待生催化剂分布器或增加挡板能够减少"椒盐"催化剂，但是也可能会出现尾燃和排放物过多等负面影响。

图 6 是一种建议的改进方法对旁路催化剂停留时间分布的影响。这一方法中，第 2 种几何结构减少了旁路导致的严重后果，但是根本原因仍然没有解决。对寻求最优再生器性能的炼厂以及由此带来的炼厂的盈利能力来说，在检修计划前找出根本原因，成功的可能性将大大增加。

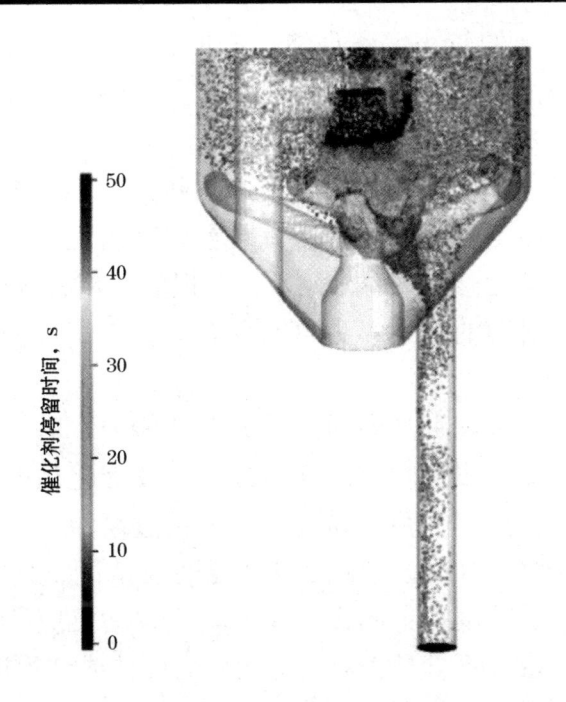

图5 旁路待生催化剂（催化剂停留时间短于50s）

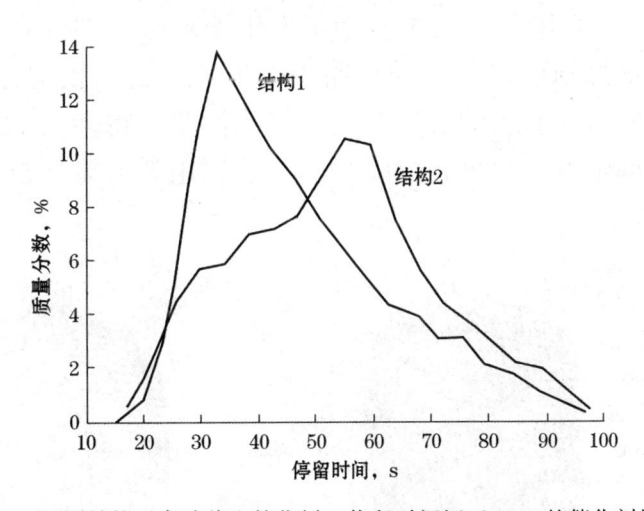

图6 不同结构对旁路待生催化剂（停留时间短于100s的催化剂量）

3 磨 损

再生器内部构件的过度磨损会造成较高的催化剂损失率而经常导致计划外停车，这种催化剂损失通常是因为旋风分离器、交叉管或充气室受到损坏，这种损坏的最终结果是过度的催化剂损耗以至于不可能进行连续操作。不幸的是，当有大量的会磨损设备的催化剂循环时，由于一个旋风分离器孔道损坏都会导致的催化剂损失量出现的较小增长最终会增加到不可避免地出现停车的程度。不仅再生器会出现磨损，而且提升管终端装置和反应器内部构件都会经常受到影响。

炼化行业中的另一个观察结果是，检修期间，FCC装置关闭后，检查内部构件就会发现金属表面出现大面积侵蚀、装置内壁出现大面积磨损。这些意料之外的侵蚀面积导致了检修期的意外延长，并损失了相关收益。由于受到磨损，计划外停车以及停车时间的延长都对FCC装置和整个炼厂的盈利能力产生了直接的负面影响。

虚拟反应器模拟具有识别高磨损区域的特殊能力，磨损可能会大量破坏器壁或内部构件。模拟能够跟踪颗粒流动的方向以及催化剂的流动速度对内部构件结构的影响，通过模拟能够很容易地识别出受过高流动速度影响的区域。如果炼厂在FCC装置停车后的检查中发现过度磨损情况，建议炼厂进行针对其FCC装置组件磨损情况的模拟；同样建议尤其应评估反应器和再生器中可能出现的新的高度磨损区域，不管是否对内部构件的设计或结构进行过修改。

模拟能够识别出现催化剂高流动速度影响的根本原因，这是FCC装置虚拟反应器模拟的第1个应用[8]。图7显示了再生器内催化剂分布情况。当待生催化剂分布器能够很好地解决从转换线路中退出产生的催化剂分布不均问题时，图8表明，在再生器内部左侧发生磨损的可能性要高得多。采用模拟的方法确定了提升空气从待生催化剂分布器喷射出来是催化剂可能磨损内部构件的根本原因。

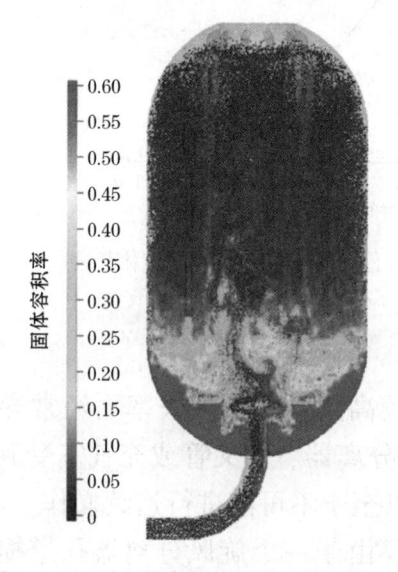

图7　FCC再生器中催化剂分布情况模拟　　　图8　高度磨损区域模拟

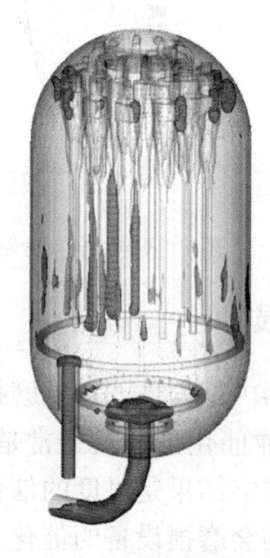

同样，模拟方法已经用于减少反应器旋风分离器的磨损[9]。虚拟反应器模拟磨损并与炼厂过去检验报告的数据进行详细比较，如图9所示。在硬件设备购买和安装之前，经过校准的基准模型能够在预定的检修期内对各种更改进行虚拟测试。模拟结果表明，不仅存在过度磨损，还存在使催化剂加速进入交叉壁的气流，如图10所示。这些结果可用于检修计划期内在各种备用设计中进行选择。

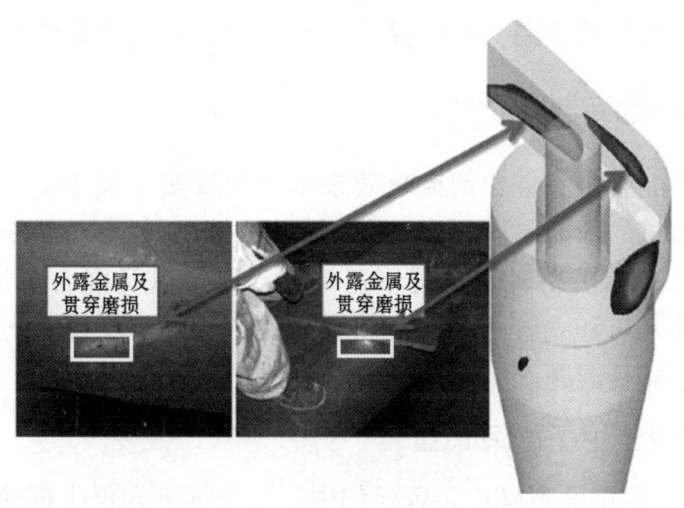

图9　模拟磨损情况与检测报告数据对比

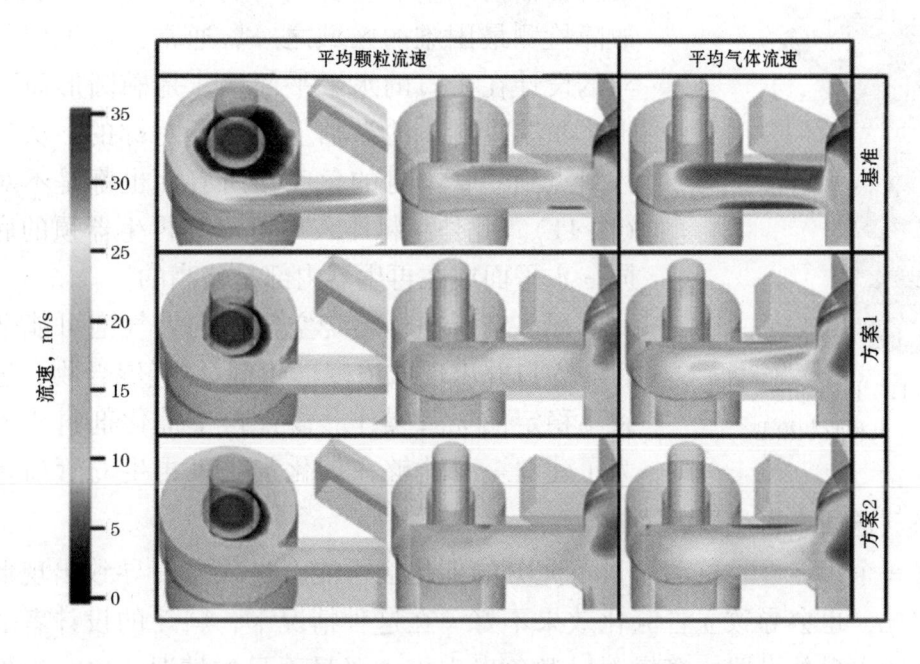

图10　高磨损区域内高速气流导致颗粒高流速的根本原因
（检修期内通过模拟对可选设计方案进行测试）

了解到潜在的高磨损区域能够对内部构件进行修正，可将高速气流的影响降到最小或消除，这一解决方案可能与修正1个或多个燃烧空气栅格中的空气喷嘴方向一样简单。

采用虚拟反应器模拟来识别和解决高磨损出现的根本原因能够使炼厂达到他们的周期长度目标，并减少或消除计划停车期间额外的维修需求。模拟方法能够准确降低计划外停车风险，减少或消除针对高磨损区域的额外维修需求，减少或消除这些维修的费用，直接提升FCC装置长期的可靠性和盈利能力。

4 催化剂循环稳定性

再生催化剂立管中，催化剂流化效果不好导致实际低于催化剂质量流率设计值的3个最常见的原因是：再生催化剂料斗入口上的不正常松动风量，沿再生催化剂立管长度上松动风量点的不正常松动风量以及混合角度立管的使用。再生催化剂料斗入口和立管松动风量将在本文中介绍。在随后的文章中，将单独介绍混合角度立管问题[10]。

4.1 再生催化剂料斗入口松动风量

在过去的70多年里，FCC装置操作中，催化剂进入再生催化剂料斗入口处的正常松动风量一直受到人们的关注，这也是有效故障检测最困难的区域之一。通常，再生催化剂料斗的设计在入口的水平平面上（是椭圆形而不是圆形）和沿着料斗的纵轴上都是不对称的，从料斗的入口点到立管本身的角度在所有面也都是不对称的（图11）。此外，料斗入口可以与再生器顶的底部在同一水平面或在再生器内部是略高的。

很多情况下，燃烧空气中的大气泡可能会进入料斗入口并出现低浓度催化剂/空气混合物，进而导致不稳定的立管操作。设计再生催化剂料斗入口是为了建立一个能够在催化剂进入再生立管前将过量燃烧空气送回至再生器的通道。

图11 再生催化剂料斗几何形状模型

另一个可能性是松动风量不充分的催化剂可能会进入立管导致出现低松动风量状况，也会导致立管流化效果不好。在这种情况下，料斗的设计者通常会在料斗的入口处设置一个气圈以避免出现松动风量不足的情况。FCC操作人员经历过的风险是通气环的气流可能设置得太高或太低，这两种情况都将出现非最佳的立管流化。

增加或减少料斗入口松动风量的实验通常是不需要的，因为这种变化对于是否能够稳定立管操作是不确定的。最终的结果是，多年来，立管操作可能会受到不正常松动风量情况的影响，导致低于最佳立管质量流率，催化剂循环量也会降低。催化剂循环量的减少限制了转化率，并对装置盈利能力有直接的负面影响；同样，循环量变化可能是由于提升管出口温度的变化，并将直接影响产品的选择性。

炼厂可成功利用虚拟反应器模拟来识别是目前的料斗设计，还是松动风量速率导致松动风量过度或松动风量不足。图12对比了设有再生催化剂料斗和没有再生器料斗的两种再生器的模拟结果。在这一实例中，料斗能够稳定再生器外的催化剂循环量。使用模拟技术的炼厂能够控制计算机模型中任意方向的松动风量，以确定立管的操作是否稳定。虚拟反应器能够使炼厂很有把握地检测再生催化剂料斗入口的松动风量。

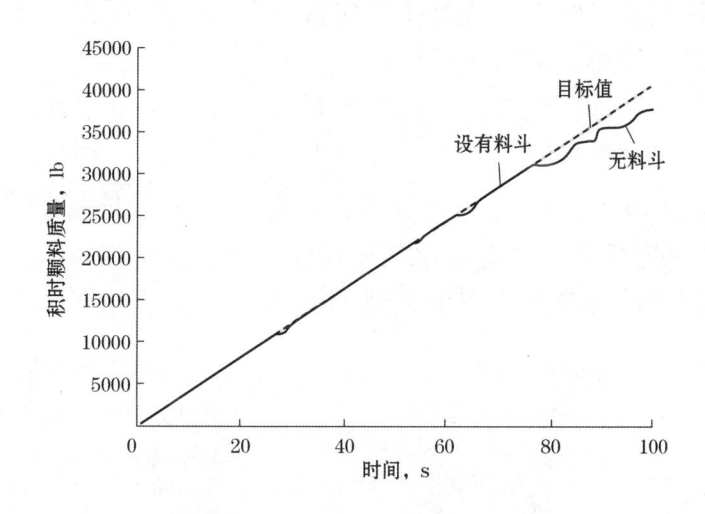

图12 再生催化剂料斗几何结构对催化剂循环稳定性的影响

4.2 再生催化剂立管松动风量

进入再生催化剂料斗的催化剂/空气混合物在进入立管前首先要进行脱气。立管中催化剂/空气混合物上的压力随着混合物沿立管长度向下流动而不断增加，导致前端压力增加，前端增压导致空气压缩，使得催化剂颗粒变得更紧密。

对于这些较长的立管，催化剂能够连续堆积直至达到某一特定点，此时，立管管壁上催化剂需支撑其自身质量，这也称为滑/黏流。滑/黏流表明在各种情况下流动性都是不良的，并且低于最优催化剂质量流率。催化剂/空气混合物沿立管向下流动时，通过注入松动风量空气计算正常的催化剂/空气混合物浓度。

在过去 FCC 装置运行的 70 多年里，研究人员付出了很多努力在立管中适当设置松动风量，已经研究出了许多密切的相关性，能够计算每个高度需要的平均松动风量。行业经验表明，大多数或所有的方程式都能预测所需的松动风量。标准程序是计算理论松动风量，并将这个速率乘以 0.7 计算得到实际需要的松动风量[11]。进一步的建议是，工艺工程师对催化剂立管进行流化不良的故障检测，避免晚些时候松动风量会发生变化。经常能够观察到的是，松动风量的变化最初可能只是在几个小时或几天内出现流化不良。

催化剂立管过度松动风量会导致在注入口形成永久气泡，迫使催化剂/空气混合物在气泡周围流动或穿过气泡自由流动，进而降低顶部压力及催化剂循环率，或者松动风量不足可能会出现滑/黏流，同时也会降低催化剂循环量。工艺工程师面临的困难是，在操作过程中立管的所有条件都正常的情况下新的松动风量是否能够达到最佳状态，这种不确定性导致多数炼厂在一个周期开始时就设定了松动风量，并避免之后进行调整。

工艺工程师采用虚拟反应器模拟各种质量流率下的立管操作，进而确定当前松动风量在压力和循环稳定性方面未来是否能够提高。松动风量对立管压力的影响[12]如图 13 所示，在这一实例中，增加松动风量能够提高压力。然而，如图 14 所示，过度松动风量对催化剂循环稳定性会有不利影响，表现为循环速率出现振荡，而这些振荡是由于大量气泡的形成、运动并穿过立管导致的，如图 15 所示。

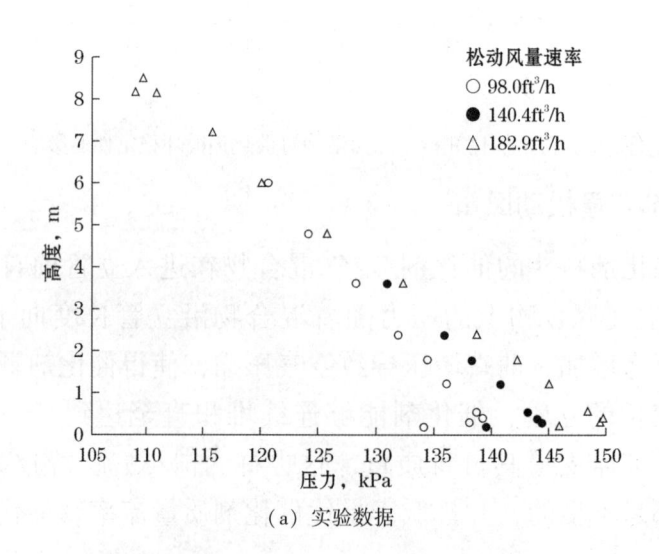

(a) 实验数据

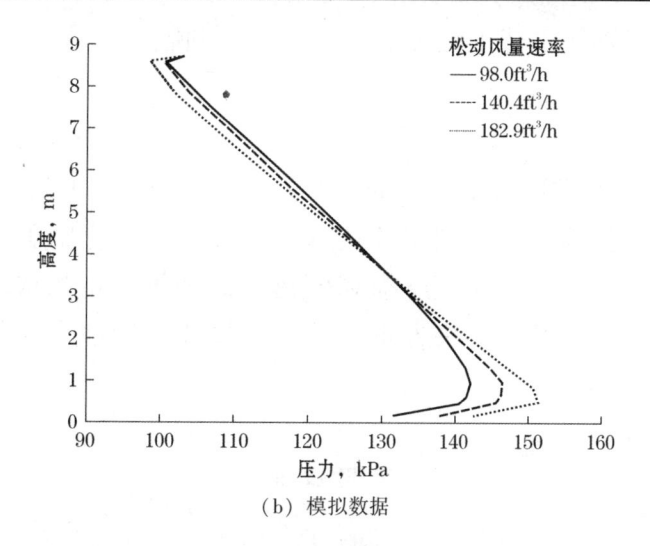

图 13 立管压力对松动风量速率的影响

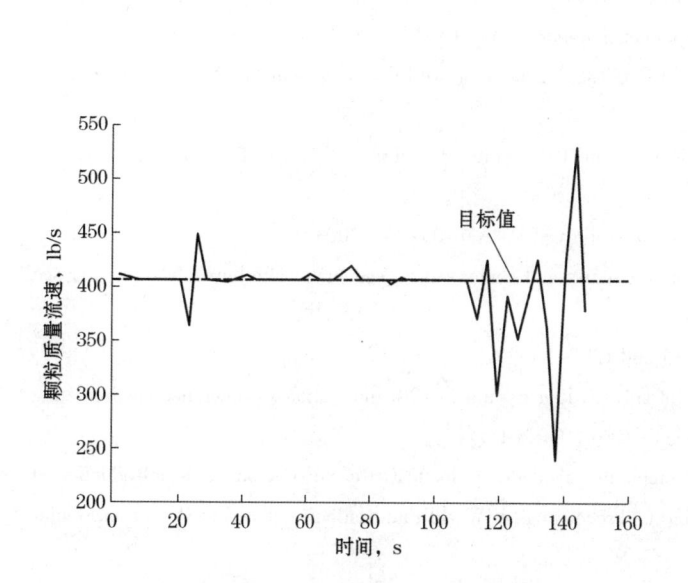

（b）模拟数据

图 14 过度松动风量对催化剂循环稳定性的影响　　图 15 气泡在催化剂循环稳定性中的作用

　　在实际过程中，再生催化剂进口料斗设计、料斗松动风量和立管松动风量的作用是相互关联的。如图 15 所示，立管过度松动风量会产生气泡。然而，设计不佳或充气的料斗更容易形成气泡进入立管中，适当的立管松动风量证实比选择低松动风量要更有余地。

　　采用虚拟反应器模拟，工艺工程师能够了解催化剂循环不稳定的根本原因，并在可靠性方面进行实质性的改进，在一定催化剂质量流率范围内提高循环稳定性。模拟技术能够使工艺工程师信心大增,顺利履行其责任。

5 结 论

围绕 FCC 装置可靠运行中存在的最难点问题的检测,Barracuda 虚拟反应器模拟将持续研发出新的技术。利用该技术,FCC 工艺工程师更加能够成功识别导致再生器分布不均、FCC 装置磨损和催化剂循环不稳定的根本问题,并找到解决方案。对于每种情况的解决方案,都将直接或间接地提高装置的运行可靠性和盈利能力。

参 考 文 献

[1] Fletcher R, Clark S, Parker J, et al. Identifying the Root Cause of Afterburnin Fluidized CatalyticCrackers. AM-16-15 ,2016.

[2] Fletcher R, Blaser P, Pendergrass J, et al. The Experience of a Team of Experts to ResolveSevere FCC Regenerator Maldistribution. AFPM 2016 Cat Cracker Seminar, CAT-16-17 , 2016.

[3] Singh R, Gbordzoe E. Modeling FCC Spent Catalyst Regeneration with Computational Fluid Dynamics. Powder Technology ,2016.

[4] Blaser P. Extension of Fluidized Catalytic Cracking Regenerator Modeling to Improve EmissionsPerformance. AIChE 2016 Annual Meeting , 2016.

[5] Wilson J W. FCC Regenerator Afterburn Causes and Cures. AM-03-44, 2003.

[6] See AM-16-15 for a detailed treatment of side-entry and center-entry regenerator afterburn7 In particular see AFPM papers AM-16-15 and CAT-16-17.

[7] In particalar See AFPM papers AM-16-15 and CAT-16-17.

[8] Clark S. Particle-Fluid Flow Simulations of an FCC Regenerator in 10th International Conference onCirculating Fluidized Beds and Fluidization Technology - CFB-10, 2011.

[9] Blaser P, Thibault S, Sexton J. Use of Computational Modeling for FCC Reactor Cyclone ErosionReduction at the Marathon Petroleum Catlettsburg Refinery. Proceedings of World Fluidization ConferenceXIV: From Fundamentals to Products, 2013:347-354.

[10] Singh R, Gbordzoe E. Design and Troubleshooting FCC OperationUsing CFD Techniques. AIChE 2016 Annual Meeting, 2016.

[11] Mott R. Troubleshooting FCC Standpipe Circulation Problems. Catalagram, 2009 (106).

[12] Srivastava A, Agrawal K, Sundaresan S, et al. Dynamics of Gas-Particle Flow in Circulating Fluidized Beds. Powder Technology, 1998, (100):173-182.

清洁油品

AM-17-76

催化裂化装置最大化生产轻循环油

Phillip Niccum, William McDaniel, Howard Pollicoff
(KP Engineering, USA)

张 博 任文坡 译校

摘 要 大多数情况下,炼厂增产柴油采取的措施是催化裂化装置最大化回收轻循环油(LCO)。在相同转化率条件下,以下3种情况将导致LCO产量下降:(1)LCO组分进入汽油馏分;(2)LCO组分进入油浆馏分;(3)回炼重循环油和油浆造成的LCO产量损失。

本文对比了常规和新型馏分切割方案对防止LCO产量损失的作用。常规切割方案可以有效防止LCO进入油浆馏分,但需要更加有效的切割方案使LCO进入重质回炼油中的量降至最低。

1 引 言

流化催化裂化(FCC)装置最大化生产轻循环油(LCO)在技术和经济上均是复杂的问题[1]。当FCC装置调整至最大化生产LCO后,剩余的问题就是如何将LCO产物分离。

当LCO需求增加时,降低FCC汽油终馏点使重汽油组分进入LCO馏分,提高LCO终馏点减少LCO进入油浆馏分,降低回炼油中LCO的比例都是常见的增加LCO产量的方法。

2 典型FCC主分馏塔的装置特点和操作策略

如图1所示,传统FCC主分馏塔底部LCO、重循环油(HCO)和油浆馏分的切割非常粗糙。如图2所示,馏分切割粗糙主要是由于原料由分馏塔塔底进入,而油浆也由塔底引出,并且塔底LCO、HCO和油浆抽出口间塔板数很少。

2.1 调整汽油和LCO间的切割点

当前通过调整汽油切割点而不改变FCC装置转化率达到根据季节调整汽油和馏分油生产的目的已成为许多炼厂的标准操作。该方法可在FCC装置高转化率的操作情况下保持液化石油气产量、汽油辛烷值及总液收的稳定。降低汽油馏分终馏点可使重汽油组分进入 LCO，而 FCC 装置转化率不发生变化，但是该方法受到 LCO 产品闪点及分馏塔塔顶温度的限制。改变汽油/LCO 切割点对汽油和 LCO 收率的影响如图 3 所示。

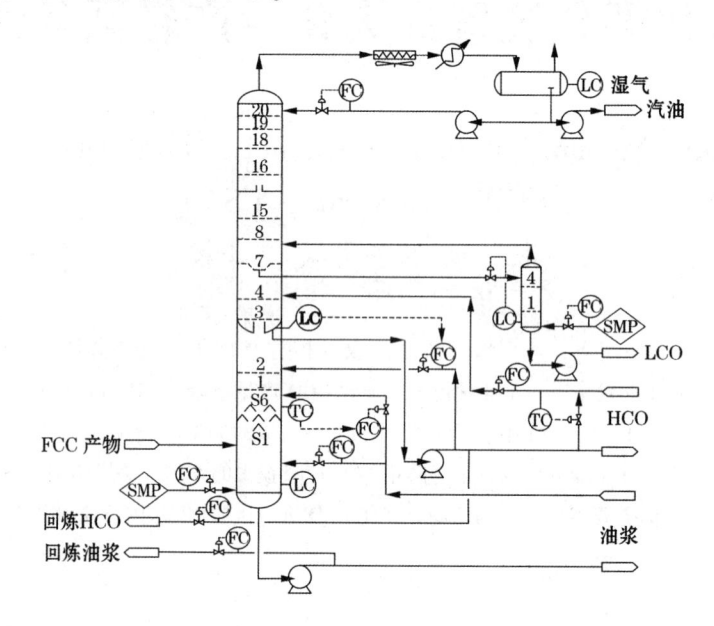

图 1 FCC 装置主分馏塔

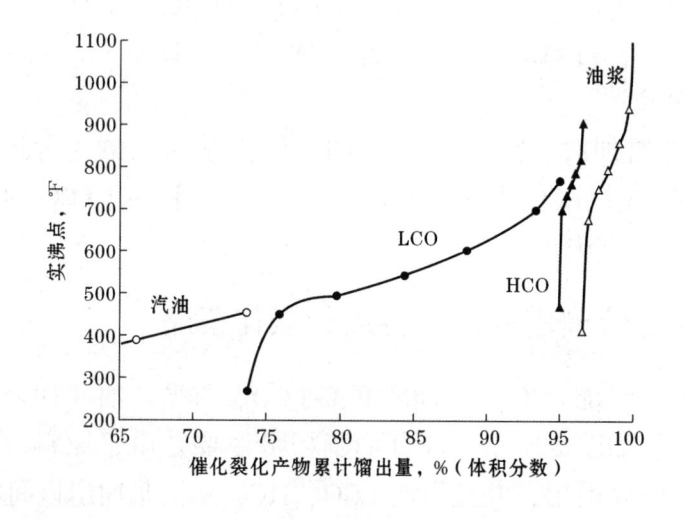

图 2 FCC 产品馏程

2.2 回炼

低苛刻度操作条件下 FCC 装置保证再生器温度并不困难，如加工渣油时，由于 HCO 较油浆残炭量更低、氢含量更高（图 4），FCC 装置更倾向于回炼

HCO[2]。理想情况下，可以在回炼前对 HCO 进行蒸馏将 LCO 组分分离，但是如果需要额外建造蒸馏装置，在经济上并不合算。另外，如果为了保持再生器温度需要回炼更高残炭含量的渣油时，油浆将是理想的回炼油。

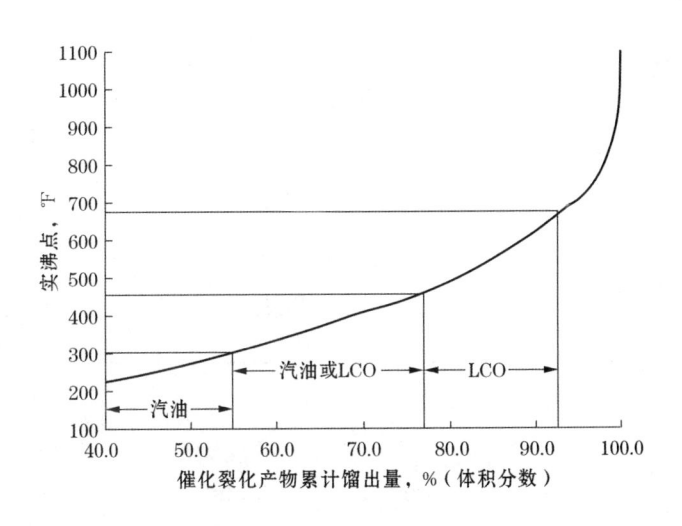

图 3　FCC 液体产物馏出曲线

3　研究基础

以一套低转化率商业 FCC 装置数据作为基础来对比研究常规与新型 FCC 产品分馏方案，本工作的主要目的是找到最大化生产 LCO 的分馏方案。

模拟工作采用 Pro-Ⅱ 9.3.2 流程模拟软件和 SRK 数据包，虚拟组分由 FCC 装置数据如产物收率、馏程和密度（表1）得到，虚拟组分的密度和馏程曲线需与常规 FCC 工艺实践相一致。对高沸点组分进行更加细致地模拟以确定微小的馏程变化所带来的影响。

表 1　FCC 原料及产物性质

	类型	瓦斯油
FCC 原料	API 度,°API	24.9
	进料量,bbl/d	50000
	转化率,%（质量分数）	62.25

续表

FCC 产物收率 %（质量分数）	干气	3.82
	C_3	4.79
	C_4	8.30
	汽油（$C_5 \sim 430\,^\circ\text{F}$）	39.66
	LCO（$430 \sim 680\,^\circ\text{F}$）	24.53
	油浆（$>680\,^\circ\text{F}$）	13.22
	焦炭	5.67
FCC 产物 API 度,°API	汽油	55.6
	LCO	24.1
	油浆	7.0

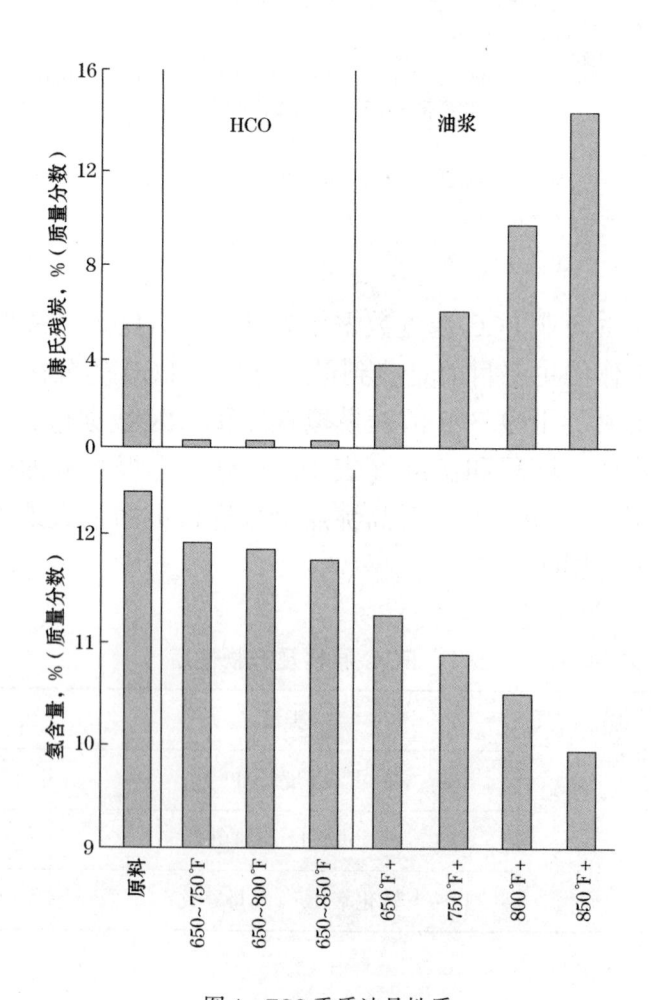

图 4　FCC 重质油品性质

4 分馏方案设计

本文评价了反应物和回炼油的 7 种分馏设计方案。在所有方案中，LCO 的 90%馏出点为 640 ℉，以及进行 HCO 和/或油浆的大量回炼。为进行分馏方案研究，未对回炼油的裂化反应进行模拟，因此回炼油被看作是惰性物流直接通过 FCC 反应器后回到分馏塔，如此往复进行。

（1）基准方案：最大化生产汽油。FCC 装置主分馏塔以最大化生产汽油模式操作，HCO 和油浆回炼量分别达到 $5×10^3$ bbl/d。

（2）方案1：降低汽油切割点。降低汽油和 LCO 间的切割点使 FCC 重汽油进入 LCO 中。在本方案和以下所有方案中，对汽油和 LCO 之间切割点的控制要保证 LCO 的闪点为 130 ℉。该方案对汽油和 LCO 产量产生巨大影响。本方案回炼量与基准方案保持一致。

（3）方案2：增加塔底急冷。如图 5 所示，该方案模拟了对分馏塔塔底急冷产生的作用。通过将急冷油浆返回分馏塔底部，使塔底在不结焦的情况下能够提高操作温度，进而使更多的气体产物进入分馏塔上层区域。塔底急冷方案已经得到工业应用，但在最大化生产汽油和 LCO 时应用并不广泛。本方案回炼量与基准方案保持一致。

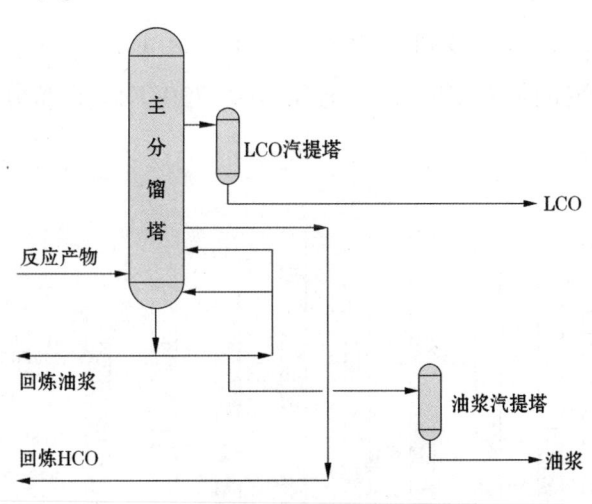

图 5 常规 FCC 装置分馏方案

（4）方案3：增加油浆汽提塔。在 FCC 分馏系统中增加油浆汽提塔可以有效减少油浆中汽油和 HCO 组分含量，提高闪点。该方案可从油浆中回收部分 LCO 组分，但不会对回炼 HCO 或回炼油浆中的 LCO 含量产生影响。

（5）方案4：用减压分馏塔替代汽提塔。如图6所示，使用油浆减压蒸馏塔和HCO汽提塔代替油浆汽提塔可从油浆和回炼油中回收更多的LCO组分。本方案中减压蒸馏后的HCO和油浆回炼量与先前方案中主分馏塔的HCO和油浆回炼量相同。

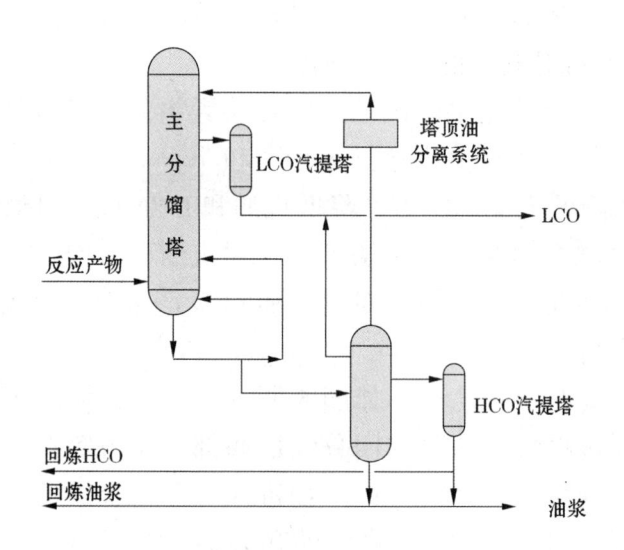

图6　新型FCC分馏方案

（6）方案5：减少回炼量。本方案与方案4基本相同，不同点在于减压蒸馏后的HCO和油浆回炼量调整到与方案3中720 ℉以上馏分回炼量相一致，具体数值如图7所示。

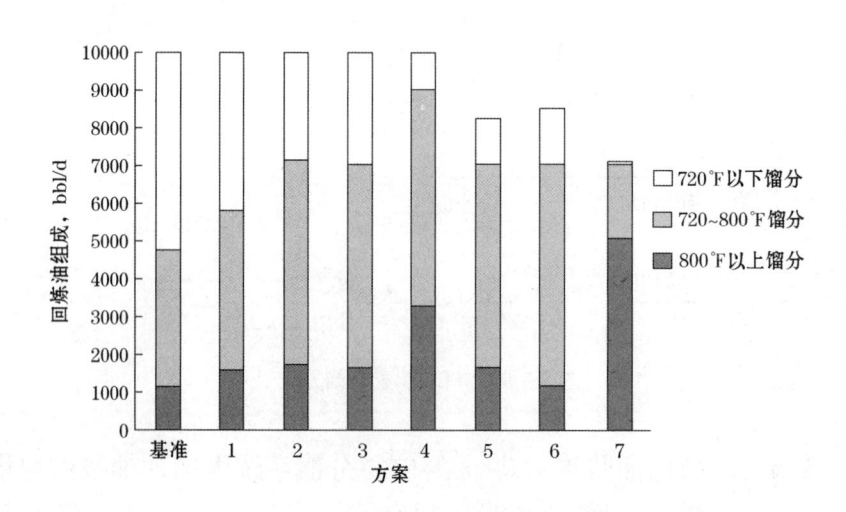

图7　回炼油的组成

(7) 方案 6：仅回炼 HCO。与方案 5 相同，不同点在于仅回炼减压蒸馏后的 HCO，将 720 ℉以上馏分回炼油量调整至与方案 3 相同。

(8) 方案 7：仅回炼油浆。与方案 5 相同，不同点在于仅回炼减压蒸馏后的油浆，将 720 ℉以上馏分回炼油量调整至与方案 3 相同。

5 对 LCO 回收率的影响

由表 2 可知，与基准方案相比，方案 1 通过降低汽油和 LCO 之间的切割点使重汽油组分进入 LCO。结果显示，LCO 收率由 25.09%（体积分数）大幅提升至 41.85%（体积分数），汽油收率和质量也发生很大变化。在保证 LCO 的 90% 馏出点为 640 ℉时，油浆收率及 API 度均有所下降，其主要原因是随着 LCO 收率的增加，更多的高于 LCO 的 90% 馏出点的高沸点组分进入 LCO 中，进而造成油浆减少。LPG 收率减少主要是由于吸收塔中用于回收 LPG 的贫油量减少。

表 2 FCC 液体产品及性质

项 目		基准方案	方案 1	方案 2	方案 3	方案 4	方案 5	方案 6	方案 7
原料 bbl/d	新鲜原料	50000	50000	50000	50000	50000	50000	50000	50000
	回炼油	10000	10000	10000	10000	10000	8241	8538	7101
收率,%（体积分数）	液化石油气	21.01	20.54	20.49	20.49	20.50	20.49	20.49	20.50
	汽油	46.89	31.73	30.41	30.41	30.53	30.43	30.39	30.69
	LCO	25.09	41.85	43.98	44.23	44.20	44.33	44.39	44.00
	油浆	11.61	9.86	9.07	8.80	8.72	8.69	8.67	8.76
	总液收	104.60	103.99	103.94	103.94	103.95	103.94	103.94	103.95
API 度 °API	汽油	54.6	64.4	65.7	65.7	65.6	65.7	65.8	65.5
	LCO	23.6	27.5	27.8	27.8	27.7	27.8	27.8	27.7
	油浆	3.1	1.6	-0.2	-0.8	-1.0	-1.2	-1.2	-0.8
汽油 90% 馏出点,℉		380	282	269	269	270	269	268	271
LCO 闪点,℉		188	130	130	130	130	130	130	130
LCO 90% 馏出点,℉		640	640	640	640	640	640	640	640
油浆闪点,℉		298	298	323	344	351	352	354	349

与方案 1 相比，方案 2 显示出分馏塔塔底急冷带来的积极影响。LCO 收率提高了 2%（体积分数），油浆收率下降了 0.8%（体积分数），API 度由 1.6°API 降低至 -0.1°API；同时，在 LCO 闪点保持不变时，更多的汽油组分进入 LCO，汽油收率下降了 1.3%。图 8 给出了油浆轻组分馏出体积分数。

与方案 2 相比，方案 3 中加入油浆汽提塔后，LCO 收率提升了 0.25%（体积分数），而油浆收率则相应降低了 0.25%（体积分数），油浆闪点上升了 21 ℉。与方案 2 相比，方案 3 对 LCO 和油浆收率影响很小。

与方案 2 和方案 3 相比，方案 4 给出了增加油浆减压分馏塔而非汽提塔带来的影响。对于 LCO 回收率，汽提塔和减压分馏塔的结果类似。如图 8 所示，方案 3 和方案 4 中沸程低于 720 ℉ 的油浆组分也基本相似。

方案 5、方案 6 和方案 7 提供了在保持 720 ℉ 以上馏分回炼量与方案 3 相同的情况下回炼量的一些变化。结果表明，减压塔能够提供类似的重质馏分回炼量，而不必对 LCO 或更轻的馏分进行回炼。

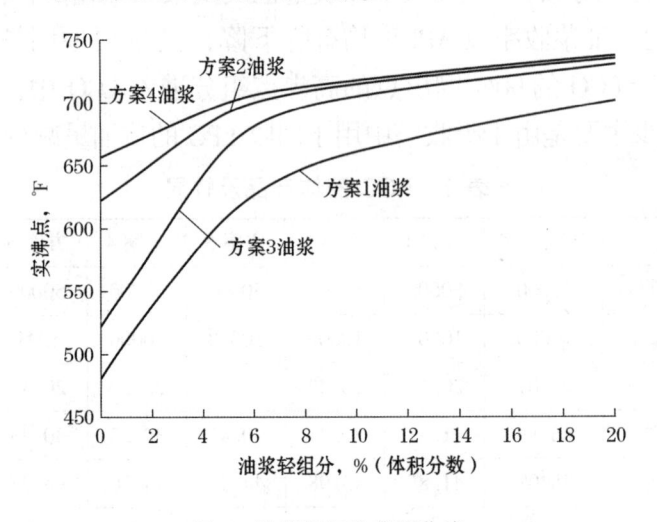

图 8　油浆轻组分蒸馏曲线

综上所述，从 LCO 和油浆的收率来看，使用减压塔的方案 4 及随后方案的效果与方案 3 相似，但方案 3 投资成本更低。然而，使用减压塔的目的是提升回炼油的质量。在 FCC 装置实际运行过程中，回炼油质量的变化将对装置产生显著影响。

6　对回炼比例及回炼油馏程的影响

在所有方案中，基准方案至方案 4 的 HCO 和油浆回炼量均为 5×10^3 bbl/d，但是方案 4 使用减压塔得到的回炼油性质与其他方案明显不同。

由表 3 至表 5 可知，方案 4 中 HCO 和油浆回炼量均为 5×10^3 bbl/d，但是 LCO（低于 720 ℉）回炼量与未使用减压塔的方案差别巨大。由表 5 可知，方案 3 中 720 ℉ 以下馏分回炼量为 2939bbl/d，而方案 4 仅为 984bbl/d。同时，方案 4 中 800 ℉ 以上馏分回炼量为 3927bbl/d，而方案 3 仅为 1673bbl/d。方案 3 和方案 4

中720~800°F馏分的回炼量差别很小。

表3 HCO回炼量及组成　　　　　　　　　　　　　　单位：bbl/d

项目	基准方案	方案1	方案2	方案3	方案4	方案5	方案6	方案7
720°F以下馏分	3767	2955	2127	2175	822	1127	1476	
720~800°F馏分	1233	1782	2623	2589	3458	4813	5852	
800°F以上馏分	0	263	250	236	720	1197	1210	
合计	5000	5000	5000	5000	5000	7137	8538	

表4 油浆回炼量及组成　　　　　　　　　　　　　　单位：bbl/d

项目	基准方案	方案1	方案2	方案3	方案4	方案5	方案6	方案7
720°F以下馏分	1454	1211	737	765	162	52		45
720~800°F馏分	2360	2429	2763	2798	2261	570		1989
800°F以上馏分	1186	1360	1500	1437	2577	481		5073
合计	5000	5000	5000	5000	5000	1104		7101

表5 总回炼量及组成　　　　　　　　　　　　　　　单位：bbl/d

项目	基准方案	方案1	方案2	方案3	方案4	方案5	方案6	方案7
720°F以下馏分	5221	4166	2864	2939	984	1179	1476	45
720~800°F馏分	3593	4211	5386	5388	5719	5383	5852	1989
800°F以上馏分	1186	1623	1750	1673	3297	1679	1210	5073
720°F以上馏分	4779	5834	7136	7061	9016	7062	7062	7062
合计	10000	10000	10000	10000	10000	8241	8538	7101

由图7可知，方案5在加装减压塔后720~800°F馏分和800°F以上馏分回炼量与方案3相同，720°F以下馏分回炼量低于方案3。在回炼油总量方面，方案3为1×10^4bbl/d，方案5为8241bbl/d。

方案6与方案7对比了仅回炼HCO或油浆产生的影响。720°F以上馏分回炼量与方案3保持一致。图9至图12对比了方案3、方案4、方案6和方案7中回炼油的馏出曲线，进一步证明了加装减压塔对FCC回炼油产生的影响。

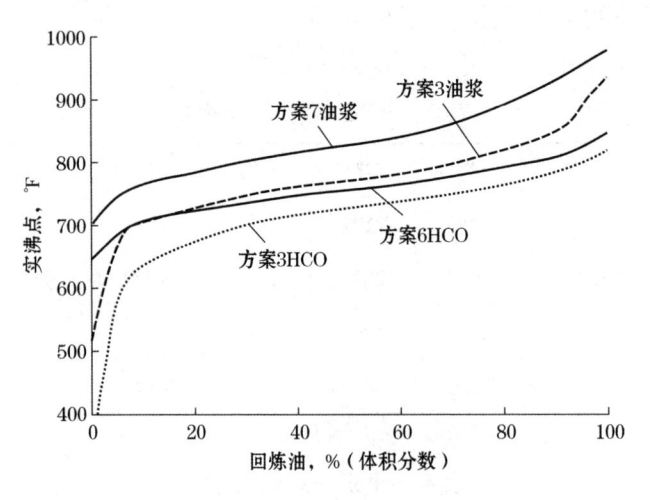

图 9　回炼油馏出曲线（方案 3、方案 6 和方案 7）

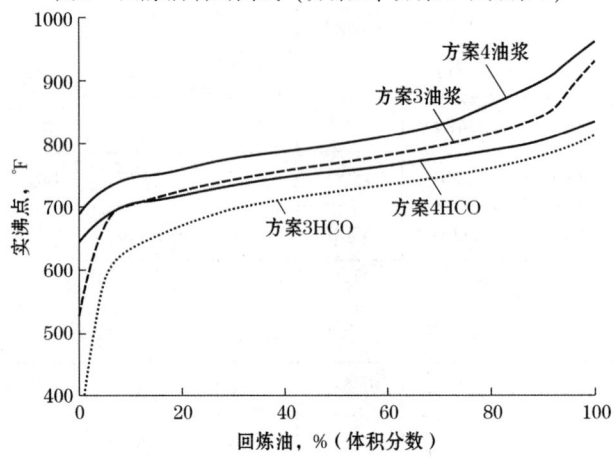

图 10　回炼油馏出曲线（方案 3 和方案 4）

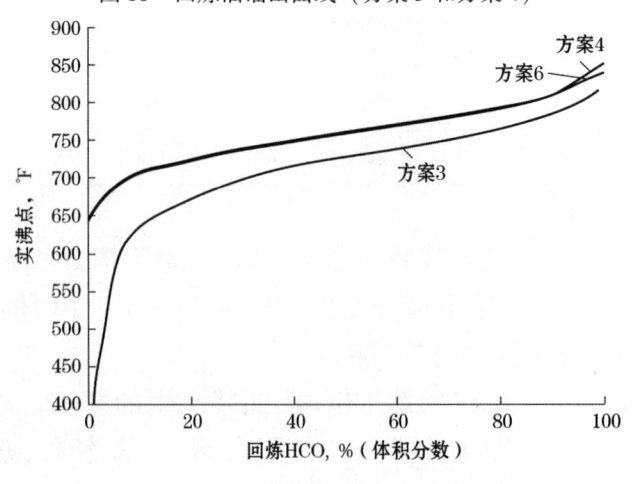

图 11　回炼 HCO 馏出曲线

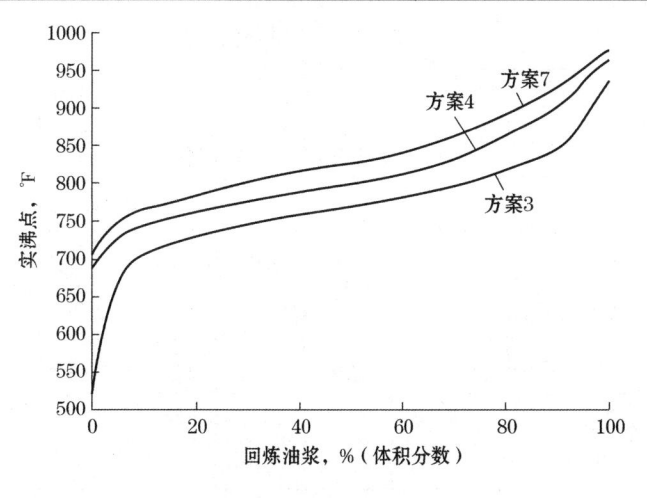

图 12　回炼油浆馏出曲线

7　回炼油的性质

方案 6 仅对减压蒸馏后的 HCO 进行回炼，由图 7、表 6 和表 7 可知，720 ℉以下馏分的回炼量高于方案 5，回炼油的特征因数 K 和 720～800 ℉馏分量均明显上升。方案 7 仅对减压蒸馏后的油浆进行回炼，720 ℉以下馏分的回炼量几乎为 0，而 800 ℉以上馏分的回炼量达到最大。与方案 6 相比，方案 7 回炼油的特征因数 K 更低，残炭量也更高。

表 6　回炼 HCO 性质

项　目	基准方案	方案 1	方案 2	方案 3	方案 4	方案 5	方案 6	方案 7
API 度，°API	16.2	12.8	10.1	10.3	4.6	4	4.7	
特征因数 K	10.82	10.66	10.55	10.56	10.27	10.23	10.28	
氢含量，%（质量分数）	10.37	9.92	9.6	9.63	8.83	8.73	8.83	
康氏残炭含量，%（质量分数）	无	无	无	无	无	无	无	
720 ℉以下馏分，%（体积分数）	75.3	59.1	42.5	43.5	16.4	15.8	17.3	
720～800 ℉馏分，%（体积分数）	24.7	35.6	52.5	51.8	69.2	67.4	68.5	
800 ℉以上馏分，%（体积分数）	0	5.3	5	4.7	14.4	16.8	14.2	

表7 回炼油浆性质

项 目	基准方案	方案1	方案2	方案3	方案4	方案5	方案6	方案7
API度,°API	3.1	1.6	-0.2	0.2	-7.4	-4.8		-12.8
特征因数 K	10.13	10.04	9.95	9.97	9.5	9.67		9.15
氢含量,%（质量分数）	8.55	8.33	8.08	8.14	7	7.39		6.18
康氏残炭含量,%（质量分数）	1	1.16	1.25	1.29	2.76	2.22		4.22
720 °F以下馏分,%（体积分数）	29.1	24.2	14.7	15.3	3.2	4.8		0.6
720~800 °F馏分,%（体积分数）	47.2	48.6	55.3	56	45.2	51.6		28
800 °F以上馏分,%（体积分数）	23.7	27.2	30	28.7	51.5	43.6		71.4

8 对回炼油转化率产生的影响

本文并未对回炼油裂化反应进行模拟，但在不同方案下回炼量及回炼油性质的变化确实将会对FCC装置的操作和运行产生影响。

在FCC装置中，回炼油中720 °F以下馏分的LCO将部分转化为汽油、液化石油气和干气，而LCO经过回炼及后续反应后芳香性将进一步提高。总体而言，经过FCC反应器后，LCO组分的质和量都将下降。

回炼油中720 °F以上，尤其是850 °F以上的馏分，反应转化为LCO，使得LCO收率增加。回炼油中850 °F以上的馏分由于芳香性高，转化为低沸点液体产品的比例更低，而生焦量却极高。回炼油组成如图13和图14所示。

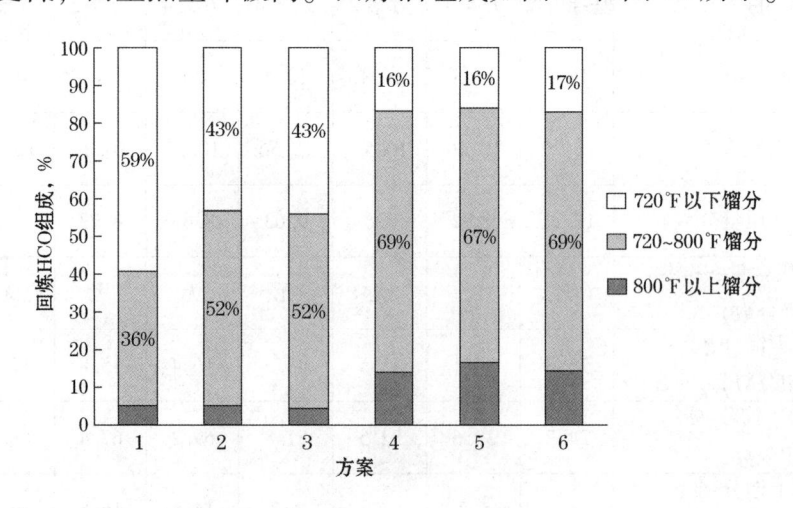

图13 回炼HCO组成

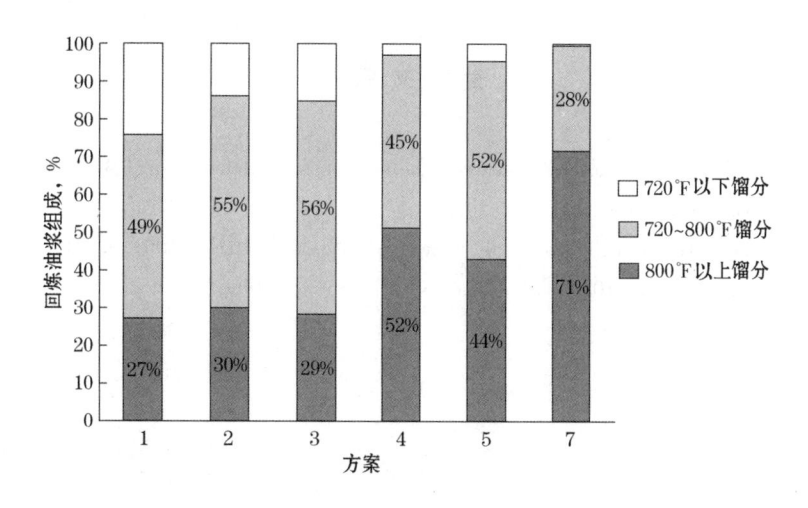

图 14　回炼油浆组成

9　结　论

从本文的工作中可以得出以下结论：

（1）调整 FCC 装置主分馏塔汽油和 LCO 间的切割点是调节汽油和 LCO 产量的主要方法；

（2）FCC 装置主分馏塔塔底急冷可有效防止 LCO 组分进入油浆中；

（3）油浆汽提塔可有效提升油浆闪点，并小幅增加 LCO 收率；

（4）油浆减压蒸馏塔和 HCO 汽提塔可以显著改善回炼 HCO 和回炼油浆质量；

（5）油浆减压蒸馏塔能够最小化 LCO 回炼量以及提供更高质量的 HCO 和油浆；

（6）FCC 装置在最大化生产 LCO 时要求进料残炭量尽可能少，减压蒸馏后的 HCO 是理想的回炼原料；

（7）为实现热平衡 FCC 装置需要提高原料残炭量，减压蒸馏后的油浆是理想的回炼原料；

（8）当 FCC 装置最大化生产 LCO 时，通过控制回炼油中减压蒸馏后的 HCO 和油浆的比例，可有效调控装置热平衡；

（9）当 FCC 装置加工加氢瓦斯油和其他轻质原料以最大化生产汽油时，为保证再生器温度稳定在合理水平，减压蒸馏后的油浆可作为理想的回炼油。通过上述方法，炼厂不再需要为了保持再生器温度稳定和热平衡而向 FCC 装置中投入重质高硫原料，进而造成产品硫含量过高。

参 考 文 献

[1] Phillip K Niccum. Maximizing Diesel Production in the FCC Centered Refinery. AFPM (NPRA) Annual Meeting, San Diego, California, March 11-13, 2012.

[2] David Hunt, Ruizhong Hu, Hongbo Ma, et al. Recycle Strategiesand MIDAS-300® for Maximizing FCC Light Cycle Oil. Catalagram Number 105, W. R. Grace & Co., Spring, 2009.

AM-17-80

较低成本下石脑油和甲醇生产高辛烷值汽油的新工艺

Stephen Sims, Adeniyi Adebayo, Elena Lobichenko, et al
(NGTS North America, USA)
宋绍彤 吕忠武 译校

摘 要 本文介绍了一种将低辛烷值汽油与甲醇转化为高辛烷值汽油调和组分的 Methaforming 工艺。该工艺是在 660~730 ℉ 和 50~150psi 条件下，低辛烷值汽油与甲醇在 NGTS 分子筛基催化剂上发生反应，生成高辛烷值汽油调和组分。Methaforming 工艺可以处理硫含量高达 1000μg/g 的原料，对于特殊含硫原料也无须再进行预处理。此外，烯烃和二烯烃的存在也不会显著影响催化剂的活性和寿命。从 Methaformer 反应器出来的产品是富含异构烷烃和芳烃以及低苯和烯烃的高辛烷值汽油调和组分，产品的产率和辛烷值可以与异构化和连续重整媲美，且都明显优于半再生重整。结论认为，在处理低辛烷值馏分（轻质直馏石脑油、全馏分石脑油、低附加值的非常规炼厂石脑油馏分）方面，Methaforming 工艺是一个很好的提高产品附加值的选择。

（译者）

1 引 言

在可预见的将来，汽油仍为主要的机动车燃料。国际能源机构预测[3]，到2040年全球能源需求量将增长30%，该机构预计现代燃料的消耗将有所增加。尽管在发达国家汽油消费量逐渐下降，但是受中国、印度及其他快速城市化的国家机动车市场刺激，全球汽油消耗量持续增长。自2005年起，非经济合作与发展组织（OECD）国家石油消费量增长33%[1]。同时，随着汽油需求量的增长，大多数国家开始实施更严格的环保法规，以调节汽油中的苯含量、蒸气压、烯烃和二烯烃含量。由于页岩衍生油会对原油整体质量产生一定影响，全球原油平均质量逐步下降，这迫使炼厂要处理高硫含量和低辛烷值的原料，因此会对现有满足产品要求的生产技术产生压力。这为开发生产高辛烷值低烯烃产品催化工艺提供了动机。

NGTS 公司的 Methaforming 工艺将低辛烷值汽油与甲醇转化为高辛烷值汽油调和组分，该过程苯产量低，可以处理硫含量高达 1000μg/g 的原料油，在非氢条件下可以脱除高达 90% 的硫。

Methaforming 工艺使用专有的新型沸石催化剂，其流程类似于石脑油加氢。Methaforming 工艺的产量和辛烷值与异构化+催化剂连续再生重整工艺相当，然而，Methaforming 工艺为一步法，可以代替石脑油脱硫、重整、异构化、脱苯，从而将成本降低为传统技术的 1/3。

Methaforming 工艺是在 660~730 ℉ 和 50~150psi 条件下，低辛烷值汽油与甲醇在 NGTS 分子筛基催化剂上发生反应。甲醇脱水是一个放热反应，释放的甲基自由基将苯烷基化成甲苯，将其他芳烃转化成烷基芳烃。就像重整，正链烷烃和环烷烃转化为芳烃为吸热反应。与重整不同的是，Methaforming 工艺可以处理硫含量高达 1000μg/g 的原料，对于特殊含硫原料也无须再进行预处理。此外，烯烃和二烯烃的存在也不会显著影响催化剂的活性和寿命。从 Methaformer 反应器出来的产品是富含异构烷烃和芳烃以及低苯和烯烃的高辛烷值汽油调和组分。

对于富含低辛烷值汽油的炼厂，NGTS 公司的 Methaforming 工艺提供了一个高效有益的生产高辛烷值汽油的方法，它以原料制备最简化、适度的资本和运营成本而获得高辛烷值汽油的产品。此外，这个过程可以通过将闲置加氢处理器或半再生重整装置改造成 Methaformer 反应器而实现。

2 工艺过程

大多数炼厂通过异构化和重整生产高辛烷值调和组分来升级石脑油。原料在进重整或异构化反应器前，需要加氢处理以脱除大部分的硫，整个过程意味着几个装置都需要达到汽油规格标准。另外，该 Methaforming 工艺流程只有 1 套装置，可以降低资本和运营成本，一般的工艺方案包括 Methaforming 反应器和产品稳定塔柱（图1）。

Methaforming 工艺是 NGTS 公司的科学家经过多年在大量的催化剂研发及工艺设计的基础之上开发的，其最重要的一个方面就是反应器部分。Methaforming 反应器是一个多级绝热固定床反应器，它的每个催化剂床层都具有甲醇注射装置。在每个反应器床层上部主要发生甲醇脱水的放热反应，吸热反应发生在每个床层的底部。总热效应是吸热还是放热主要由甲醇与石脑油的比例决定。含氧化合物脱水反应是放热反应，它的反应速率比石脑油脱氢吸热反应要快，这导致在每个催化剂床的温度早期先上升随后下降。甲醇被注入反应器的多个床层以尽量减少温度梯度，这增加了该过程的选择性，延长了催化剂的寿命以及催化剂再生的时间间隔。

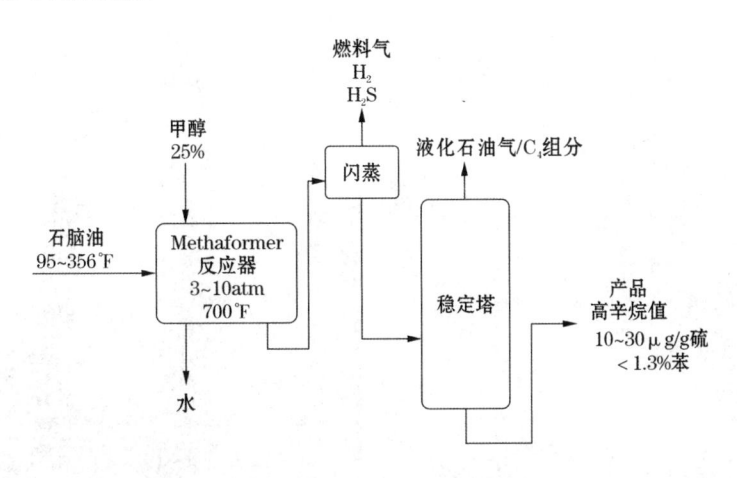

图 1　Methaforming 工艺流程

在 Methaforming 工艺中甲醇虽然是主要的氧化剂，但是其他的氧化物可以与它一起使用或者直接代替它。此外，轻烯烃如催化裂化干气可以与甲醇一起使用或代替甲醇，这就使 Methaforming 工艺对那些能够多生产含氧化物或者是多生产烯烃，例如乙醇和催化裂化气的炼厂具有很大的吸引力。

Methaforming 工艺的另一个重要特点是它使用的催化剂不需要贵金属。在大多数类似的工艺中，贵金属的使用不仅使生产成本提高，而且由于贵金属催化剂对毒性物质和高温都很敏感，导致其使用过程中会出现一些复杂的问题。

鉴于上述情况，Methaforming 工艺通过反应器的设计达到了预期的转化率，同时使反应器保持一个可接受的温度分布，并且可以使物料在反应器中均匀分布流动，消除了可能影响工艺性能的热点。工艺操作条件将取决于最终的实际应用，以下提供了一系列可应用的工艺参数：反应器内温 662～788 ℉（350～420 ℃）；高压分离器压力 94～174 psi（0.65～1.2 MPa）；液时空速 0.7～1.5 h^{-1}。

3　适用范围和性能数据

Methaforming 工艺的原料范围很广，5 年内实验室和中试装置的运行结果验证了全馏分石脑油、液化石油气、催化裂化富气以及裂解汽油的优良反应性能。这些测试是在 3 套装置上进行的，规模分别是 0.0012 bbl/d、0.012 bbl/d 和 0.23 bbl/d。目前，1 套 100 bbl/d 的工业示范装置正在俄罗斯建设，预计 2017

年第 1 季度投产。

2 套较大的实验室试验装置如图 2 所示。

(a) 0.012bbl/d   (b) 0.23bbl/d

图 2   NGTS 公司的 Methaforming 工艺试验装置

  通过对每种原料的参数进行研究来优化设计参数，考虑的工艺参数主要有温度、压力、空速及甲醇比例。通过改变一系列的工艺参数、关联产物的产率及辛烷值来优化工艺参数，以便进一步指导工艺的研发以及规模放大。图 3 为一组典型的原料参数的研究结果。

  图 3 显示了 Methaforming 工艺的制约因素。提高反应温度增加了辛烷值，但降低了产率。高温对芳构化反应更有利，因此产品中的芳烃含量增加导致辛烷值增大。提高原料中甲醇的比例能够提高产率和辛烷值。然而，对于其他因素（如温度、压力和空速）来说，最佳的工艺条件应综合考虑增加收率或辛烷值。基于上述参数的研究，最佳的工艺条件确定了几种原料，包括全馏分石脑油、轻油、催化裂化石脑油、芳烃抽提的抽余油及一些非常规原料。大量的试验表明，Methaforming 工艺可以加工绝大多数 C_4—C_{10} 的石脑油原料，使之成为辛烷值高、烯烃含量低的汽油调和组分。根据炼制需求，Methaforming 工艺可以很容易地通过调整工艺参数来限制芳烃产物的量，进而来满足所需产品的特性。通过中试试验的结果可以看出，Methaforming 工艺在产品选择性及产率方面的优势。表 1 是用 Methaforming 工艺加工全馏分石脑油的数据，通过控制参数，控制石脑油的收率为 83% ~93%。

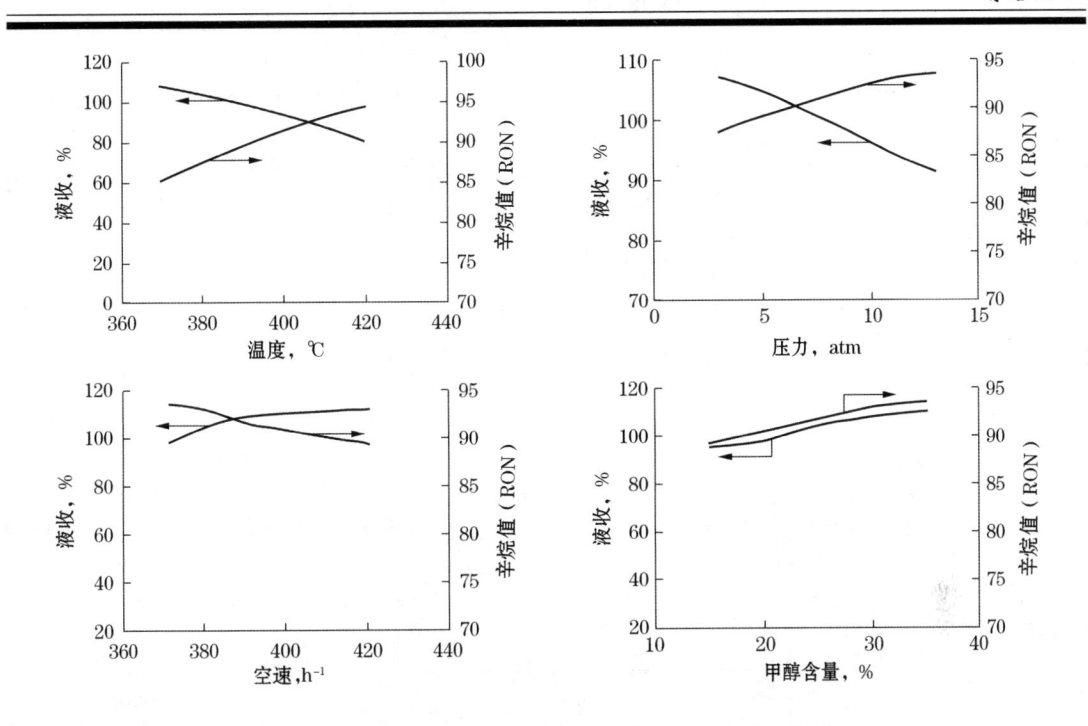

图3 NGTS公司的Methaforming工艺中试反应试验结果

表1 采用NGTS公司的Methaforming工艺技术加工全馏分石脑油的标准收率

原料名称		全馏分石脑油
实沸点范围,℃		IBP~150
烃组成,%（质量分数）		66/1/24/9[①]
RON/MON		75/61
总硫含量,μg/g		180.0
参数	温度（反应器内）,℃	360
	压力,atm	5
	液时空速,h^{-1}	1.20
进料	甲醇,t	0.283
	石脑油原料,t	1.0
	乙醇,t	—
	乙烯,t	—
	合计,t	1.283

续表

原料名称		全馏分石脑油
产品	Methaforming 产品（C_5 +3% C_4），t	0.926
	液化石油气（90% C_3 +10% C_4），t	0.082
	纯 C_4，t	0.103
	燃料气，t	0.003
	氢气，t	0.001
	水，t	0.159
	RF & L，t	0.015
	RON	90
	合计，t	1.283
	附加值[②]，美元	236

[①] 分别表示烷烃、烯烃、环烷烃和芳烃的质量分数。
[②] 参考 2016 年 12 月的价格估算。

4 化学工艺

不同来源的石脑油的烃类组成变化非常大，因此本文只讨论异构化、重整及 Methaforming 工艺。产品的组成和转换通过原料的烷烃、烯烃、环烷烃及芳烃表示，Methaforming 工艺会转化大部分正构烷烃、环烷烃和烯烃，同时保留了大部分的异构烷烃，由此产生的产品富含芳烃（通过调节工艺参数可达 30% ~ 45%）和双支链的异构烷烃。

从中试测试结果的化学组成变化可以看出，Methaforming 工艺使大部分正构烷烃发生芳构化反应而保留了大部分高辛烷值的异构烷烃。加工全馏分石脑油的原料与产品比较结果如图 4 所示。

从表 1 可以看出，Methaforming 工艺转换了 72% 的正构烷烃，同时保留了超过 70% 的异构烷烃。通过脱氢作用减少了环烷烃含量，产品中 38% 的组分是高辛烷值的芳烃。本次运行的芳烃组成见表 2。

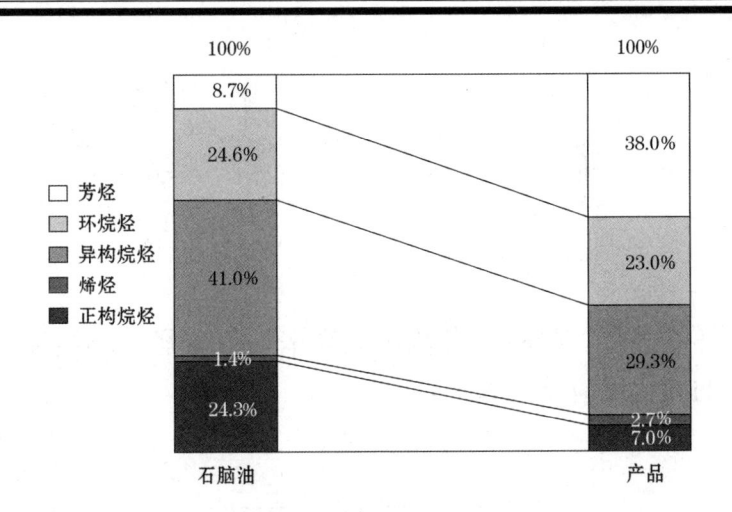

图4 Methaforming 工艺加工全馏分石脑油的原料与产品比较
（总芳烃含量根据炼厂的需求控制）

表2 Methaforming 工艺加工全馏分石脑油的芳烃组成

组分	石脑油原料 %（质量分数）	产品 %（质量分数）
苯	1.0	0.9
甲苯	2.4	6.9
C_8 芳烃	3.0	16.0
C_9 芳烃	1.6	8.4
C_{10} 芳烃	0.6	2.4
C_{11} 芳烃	0.1	2.5
C_{12} 芳烃	0.0	0.9
总计	8.7	38.0

从数据可以看出，Methaforming 工艺在避免了苯生成的同时提高了甲苯、二甲苯以及 C_9 芳烃的含量。

Methaforming 工艺过程中伴随着许多化学反应，一些主要的化学反应如下所示。正如预期的那样，甲醇在碳氢化合物的改质中起着至关重要的作用。在与沸石催化剂接触后，甲醇产生甲基自由基；甲基自由基能与本身反应生成乙基自由基，乙基自由基中乙基化成为芳香基团或进一步转化为更高的烯烃和芳烃。甲基自由基也可以直接与原料中的芳香烃反应生成高辛烷值的烷基芳烃：

$$\text{Ar-R} + CH_3OH \longrightarrow \text{Ar(R)(CH}_3) + H_2O$$

R=H，CH$_3$，C$_2$H$_5$ ……

除了芳香环烷基化，甲醇本身转化成高辛烷值芳烃、环烷烃和烷烃的混合物。甲醇转化的简化反应路径如下：

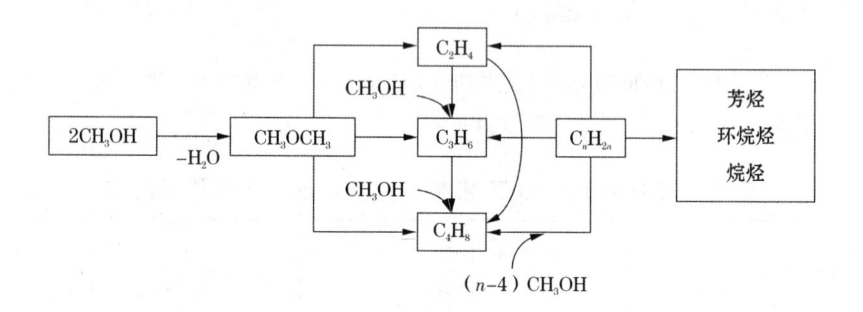

$$2CH_3OH \xrightarrow{-H_2O} CH_3OCH_3 \longrightarrow \begin{Bmatrix} C_2H_4 \\ C_3H_6 \\ C_4H_8 \end{Bmatrix} \longrightarrow C_nH_{2n} \longrightarrow \text{芳烃 环烷烃 烷烃}$$

（加入 CH$_3$OH，(n-4) CH$_3$OH）

上述简化路径所指示的每一步都是平衡反应，因此产品的转换过程将取决于反应工艺参数。

原料中的烯烃和二烯烃遵循类似的转化途径。新生成的芳烃可以进一步烷基化；烷烃和环烷烃可以进一步转化为异构烷烃和芳烃。

烷烃转化为芳烃和异构烷烃。烷烃的芳构化是通过先生成中间产物环烷烃来实现的：

$$n\text{-己烷} \xrightarrow{-H_2} \text{环己烷} \xrightarrow{-3H_2} \text{苯}$$

$$\text{异己烷} \xrightarrow{-H_2} \text{甲基环己烷} \xrightarrow{-3H_2} \text{甲苯}$$

在 Methaforming 工艺中，环烷烃发生脱氢反应，生成芳香族化合物：

Methaforming 工艺之所以可以延长催化剂的使用周期，是因为它使用的催化剂与其他催化剂不同，它具有耐蒸汽性和耐硫性。催化剂的预期寿命为 5 年，在运行周期中需要 1 个月的再生时间。同时，由于 NGTS 公司的沸石催化剂的性能，产品中稠环芳烃（如萘）含量仍在 0.5% 以下。通过使用 Methaforming 工艺方案，可以使甲醇物流分布均匀，提高转化率和选择性。

5 工艺经济性对比

对于新厂的应用，Methaforming 工艺的主要优势在于它的成本。与加氢处理、异构化、苯还原和催化重整等相关工艺比较，其初始投资成本和运营成本均较低。此外，值得注意的是，Methaforming 工艺还是一项温室气体排放量很低的绿色环保技术。在美国，炼油行业是温室气体排放的第三大户[4]，这些排放来自传统的炼油基础设备，包括燃烧炉、锅炉、蒸汽制氢等，用燃烧炉、锅炉燃烧油气的二氧化碳排放量占炼厂排放总量的 65%[2]。如上文所述，Methaforming 工艺是一步法工艺，使用绝热多床层反应器，不需要加热炉和氢气。Methaforming 工艺流程和产品收率完善了其热量分配，从而导致温室气体排放量显著减少。

Methaforming 工艺的产量和高辛烷值产品可媲美异构化和连续重整的组合工艺，明显优于异构化/半再生重整，因此，Methaforming 工艺提供了一个低成本的方法来提高产量并且解决半催化重整生产汽油所存在的问题。对于一个产量为 20×10^3 bbl/d 的装置来说，其改造成本约为 2000 万美元，而其年收益为 5700 万美元。对现有石脑油加氢装置进行改造的主要花费在于将现有的反应器换成 2 台比较大的反应器。

具有催化裂化的炼厂可以用催化裂化干气中的低碳烯烃取代 Methaforming 工艺中的甲醇，这样可以使 Methaforming 工艺的利润每吨提高 100 美元（每桶 7 美元）。例如，1 套 50×10^3 bbl/d 的催化裂化装置生产的乙烯足以替换 1 套 $25 \times$

10^3 bbl/d 的 Methaformer 装置所需的甲醇,其产生的年经济附加值为 4000 万美元。下面介绍一些具体应用。

应用 1:轻质直馏石脑油的改质。

轻质直馏石脑油改质的常规解决方案是使用可循环的异构化工艺,炼厂需要考虑循环过程中的能耗成本以及确保原料中没有硫。与进入异构化装置之前要进行重整一样,有硫的情况下通常需要先进行加氢处理。另一种方法是使用 Methaforming 工艺。轻质直馏石脑油包含 C_5、C_6、C_7,其比例为 50:40:10。在 Methaforming 工艺中,轻质直馏石脑油中多侧链的异构烷烃反应活性相对较低,根据前面提出的反应路径,循环烷烃进一步转化为芳烃和烷基芳烃。此外,使用催化裂化干气在经济上具有很大的吸引力。催化裂化干气含有高达 20%(质量分数)的乙烯,它是 Methaforming 工艺的关键中间产物。对于加工量为 10×10^3 bbl/d 的两种加工路线的经济性对比见表 3。

表 3 Methaforming 工艺与循环异构化工艺的经济性比较

10×10^3 bbl/d 的装置（40×10^4 t/a）	Methaforming 工艺	替换方法（循环异构化工艺）	差值
投资效益,百万美元/a	120	110	10
运营支出,百万美元/a	4	6	-2
资本支出,百万美元	30	50	-20
总净现值（12%）,百万美元	860	750	110

与对比的加工路线相比,Methaforming 工艺显然是更好的选择,它的投资相对少 2000 万美元,并且每年有 1200 万美元的利润。

应用 2:基础 Methaformer 反应器处理抽余油和催化裂化干气。

对于一家从芳烃抽提获得研究法辛烷值为 60 的抽余油的炼厂来说,传统的选择是将抽余油加入汽油调和组分中,这明显降低了汽油调和组分的辛烷值。抽余油中的烷烃可以在 Methaformer 反应器中转化为具有高辛烷值的异构烷烃和芳烃,通过 Methaformer 反应器加工 C_6—C_{10} 馏分可以带来非常丰厚的经济利润。Methaforming 工艺可以用甲醇或者催化裂化干气代替甲醇来加工抽余油。催化裂化干气通常用作燃料气。

对于加工量为 20×10^3 bbl/d 的两种加工路线的经济性对比见表 4。

表4　Methaforming工艺处理低辛烷值残液和催化裂化干气

2×10^3 bbl/d 的装置 （8.8×10^4 t/a）	Methaforming工艺 （催化裂化干气）	替换方法 （掺入汽油）	差值
投资效益，百万美元/a	89	60	29
运营支出，百万美元/a	2	0	2
资本支出，百万美元	17	0	17
总净现值（12%），百万美元	575	408	167

应用3：升级现有的半再生重整。

半再生重整装置的产量要比连续重整或Methaforming工艺低，这是半再生重整装置经济转型的一个机会，然而，用连续重整取代半再生重整的成本是巨大的。另外，半再生重整可以改造为经济效益更好、产量更高的Methaforming工艺，这种方法涉及将半再生重整前置的石脑油加氢处理反应器替换为2台Methaformer反应器。基于Methaforming工艺针对全馏分石脑油中试试验数据，预计的经济效益见表5。

表5　Methaforming工艺替代半再生重整装置

20×10^3 bbl/d 的装置 （86×10^4 t/a）	Methaforming工艺	半再生重整装置	差值
投资效益，百万美元/a	206	149	57
运营支出，百万美元/a	7	14	−7
资本支出，百万美元	20	0	20
总净现值（12%），百万美元	1330	920	410

应用4：基础Methaformer反应器取代传统的石脑油处理工艺。

传统完整的石脑油处理工艺包括加氢脱硫、催化重整及异构化，炼厂可以选择一个基础Methaformer反应器来达到其增加重整加工能力的目的。从表6可以看出使用Methaformer反应器的明显优势。Methaforming工艺可以显著降低成本支出，这是因为Methaforming工艺是一步法工艺，其使用的设备较少，所需求的运营成本较低。

表6 Methaforming工艺替代传统的石脑油处理装置

$20×10^3$bbl/d 的装置 （$86×10^4$t/a）	Methaforming工艺	替换方法 （传统工艺）	差值
投资效益，百万美元/a	206	202	4
运营支出，百万美元/a	7	21	-14
资本支出，百万美元/a	50	156	106
总净现值，百万美元	1300	1080	220

一套 $20×10^3$bbl/d 的 Methaforming 装置在经济效益方面有更好的表现，与传统方法相比，其运营成本降低了1400万美元，效益提高了400万美元，因此使用 Methaforming 工艺每年可以增加1800万美元的利润。

6 结 论

大量的中试运行结果表明，在处理低辛烷值馏分（轻质直馏石脑油、全馏分石脑油、低附加值的非常规炼厂石脑油馏分）方面，Methaforming 工艺是一个很好的提高产品附加值的选择，其特有的沸石催化剂专利技术在使用过程中能够耐硫（高达 $1000\mu g/g$）和耐蒸汽。

Methaforming 工艺是在一个相对温和的操作条件下进行的，其反应器设计类似于成熟的加氢反应器的设计。无论是改造1台闲置的加氢反应器，还是建造1台新的 Methaformer 反应器，其反应器设计与工艺参数的制定都能确保 Methaforming 工艺在最小的技术风险下运行。Methaforming 工艺的部件都经过了严格的检验，因此将其固有风险降为最低。Methaforming 工艺流程与加氢处理工艺流程类似，只是过程中的甲醇替代了氢气，这一工艺流程就使得加氢处理工艺或重整工艺可以改造为 Methaforming 工艺。由于加氢处理和重整以及其他固定床气相工艺具有良好的反应器设计基础，因此在改造为 Methaforming 工艺的过程中伴随的风险也是很低的。由于没有循环压缩机，该过程得到了进一步简化。此外，该过程没有配置加热炉，因此可以节约能源减少碳排放。

目前，NGTS 公司已经建成了第1套中试规模的工业示范装置（图5），这个位于俄罗斯的体积为 $0.5m^3$、加工量为 100bbl/d 的反应器预计在 2017 年第1季度开始运行，来检验预测的产量以及发现工艺放大过程中的问题。预计该工厂通过使用 Methaforming 工艺会得到丰厚的经济效益，加工原料的利润会达到 200 美元/t。

图5 体积为0.5m³的反应器、加工量为100bbl/d的Methaforming工艺试验装置

参 考 文 献

[1] Covert T, Greenstone M, Knittel C R. Will We Ever Stop Using Fossil Fuels? J. Econ. Perspect., 2016 (30): 117-138. doi: 10.1257/jep.30.1.117.

[2] Elgowainy A, Han J, Cai H, et al. Energy Efficiency and Greenhouse Gas Emission Intensity of Petroleum Products at U.S. Refineries. Environ. Sci. Technol., 2014 (48): 7612-7624. doi: 10.1021/es5010347.

[3] International Energy Agency. World Energy Outlook 2016 (Executive Summary). IEA WEO, 2016.

[4] Plagakis S. Oil and Gas Production a Major Source of Greenhouse Gas Emissions. EPA Data Reveals, 2013.

替代能源

AM-17-81

全球低碳燃料和汽车的发展现状及预测

Tammy Klein（Future Fuel Strategies，USA）

曲静波　杨延翔　译校

摘　要　随着人类的发展，空气污染不断加重，人类健康及气候变化都受到了严重的威胁，全球各个国家和地区都在采取相应的政策和措施来解决这一难题，如加入《巴黎气候协议》等。本文主要综述了交通领域如何减少空气污染，包括推行全球 LDVs 和 HDVs 燃料经济标准，发展生物燃料技术、可再生柴油、可再生天然气和沼气，大力倡导电动汽车技术等，并介绍了技术的优劣势、可行性以及对石油需求的影响。

1　引　言

即使原油价格长期处于较低水平，许多国家的政策制定者也应认真采取措施应对气候变化，尤其是交通行业。根据国际能源署（IEA）的数据，交通行业占能源相关温室气体排放总量的 23% 以及能源使用量的 20%，预计到 2030 年这些数值将增加 1 倍。客运占运输能源需求总量的近 60%，而这其中又有 60% 来自经合组织（OECD）成员。一些倡导者呼吁通过电气化作为单一解决方案，但现实情况是，要想实现这一目标，需采取多种战略相结合的手段，因为人类对化石燃料的需求还将保持较长一段时间。与运输有关的温室气体排放和空气污染正在不断增加。在过去 20 多年间，尽管石油和汽车工业在全球范围内进行了燃料和汽车清洁化的巨大努力，但随着人们收入的提高，汽车购买能力随之大增，世界上许多地区空气污染事实上更加糟糕了。预计未来的 20~25 年，全球汽车产量将翻一番，如图 1 所示。可以看出，预计到 2050 年全球汽车销量将增长 135% 以上，90% 来自非 OECD 国家，如亚洲、拉丁美洲和非洲国家；毫无疑问，零排放汽车比例将增加，但份额取决于政策、激励机制及消费者津贴等因素。在油价如此低的情况下，包括美国在内的一些国家的人们正在购买更大的汽车并且出行更多。

除中国以外，全球大气污染的改善在气候变化面前完全黯然失色，带来的后果惊人，如图 2 所示。可以看出，2015 年，全球每 8 个人中有 1 人死于空气污染，大约 710 万人，其中约 60 万人是 5 岁以下的儿童。

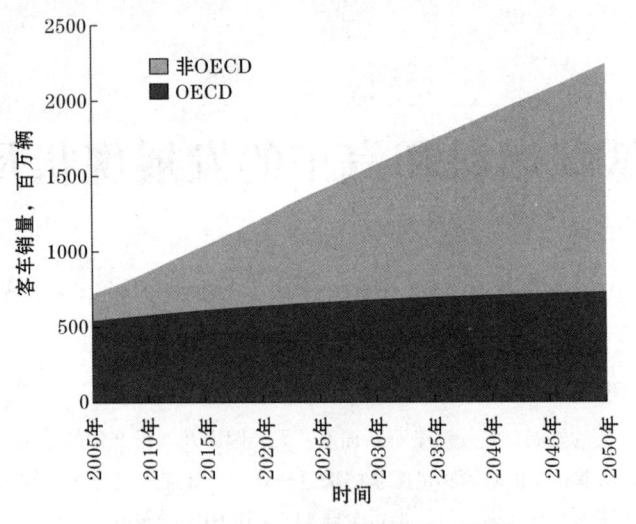

图 1 2005—2050 年全球轻型客车销量

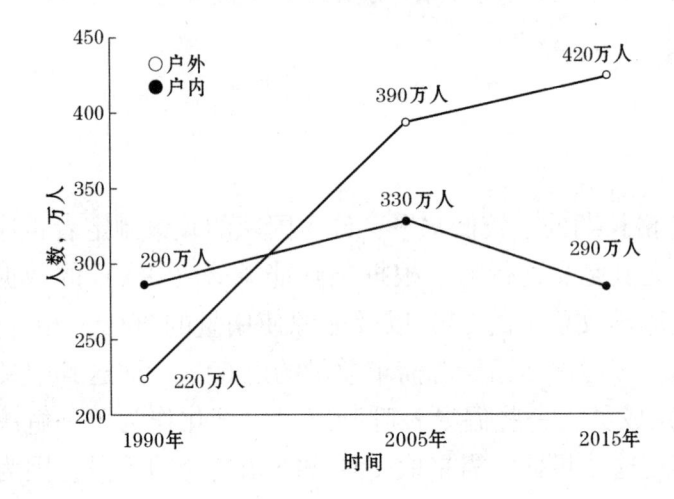

图 2 1990—2015 年死于户内外大气污染人数

数据来源：UNICEF，2016 年

在过去的 6 个月中，开展了一项针对空气污染（特别是交通运输）对疾病影响的研究，包括过早死亡、呼吸状况、儿童成年后的影响、老年痴呆症等。一些城市的空气污染（特别是臭氧和颗粒物）特别严重，政府部门正在考虑或已经实施了汽车禁令及其他各种汽车的限制，甚至一些欧洲国家（如挪威、德国和荷兰）也已考虑类似的政策，尤其在非政府组织（NGO）的推动下，这一趋势将继续下去，他们希望取消私人交通工具。同时，《巴黎气候协议》已于 2016 年 11 月 4 日生效，即不少于 55 个《联合国气候变化框架公约》（以下简称《气候公约》）缔约方，共占全球温室气体总排放量的至少约 55% 的《气候公约》缔约方在其批准、接受、核准或加入文书之日后第 30 天起生效。到目前为止，197 个国家中已有 131 个国家签署了协议。2016 年的工作重点是协议签署，2017 年的重点将转向实施。一些国家已经开始陆续提交他们的计划（国家自定指标，NDC），包括美国、墨西哥、法国、德国和加拿大，其中美国计划选举后的 1 周提交联合国。接下来几年，行业需要仔细监督这些国家在递交了 NDC 计划后是否真正落实。如果特朗普政府退出《巴黎气候协议》，那么世界其他国家会坚守立场吗？这是一个不确定因素。低碳燃料和汽车（LCFV）的主要目标就是减少空气污染和温室气体排放量以及实施《巴黎气候协议》的目标。开展生物燃料项目、制定轻型和重型燃料经济标准、强制零排放汽车（ZEV）、减少对传统化石燃料的需求和内燃机车（ICEV）的需求不仅可以减少温室气体排放和空气污染，还可以促进经济发展和能源多元化。以上措施在全球范围内的分布情况如图 3 所示。

图 3　全球实施可再生交通燃料、燃料效率和电动汽车措施地区分布
来源：REN21 公司 2016 年《全球可再生能源现状报告：未来能源战略》

为什么你应该关心 LCFV？如果你是一个炼油商，你为什么要关心其他领域发生了什么？因为你现在必须重视原油和可再生燃料标准（RFS）要求，美国乃至全球炼油商必须清楚地认识到这一点，全球生物燃料、燃油效率和零排放汽车已经对传统燃料形成战略威胁，尤其是在需求和前景方面。这些问题需要全盘考虑。

全球减少空气污染和缓解气候变化的决心和力度都很大，在交通运输领域，首先推动 LCFV 措施，要求增加生物燃料（特别是先进生物燃料）的调和比例、加强燃油经济性标准、强制推广 ZEV 和采取其他激励政策有可能从根本上改变传统燃料在美国及全球的需求。本文系统地回顾了这些全球举措，并列举了 IEA、BP 和埃克森美孚石油公司近期针对这些举措对石油行业潜在影响的展望。

2 尽管争议不断，发展生物燃料仍然是减少温室气体排放的有效策略

各国都把生物燃料计划作为实现国家《巴黎气候协议》承诺的首选战略规划，尽管关于生物燃料是否能真正减少温室气体以及是否导致食物短缺和价格上涨还存在许多问题和争议，但世界各地的决策者大体上持肯定态度。希望减轻交通运输导致的气候变化和增加经济发展的双重愿望能通过使用生物燃料来实现，已经或即将实施生物燃料计划的国家如图 4 所示。

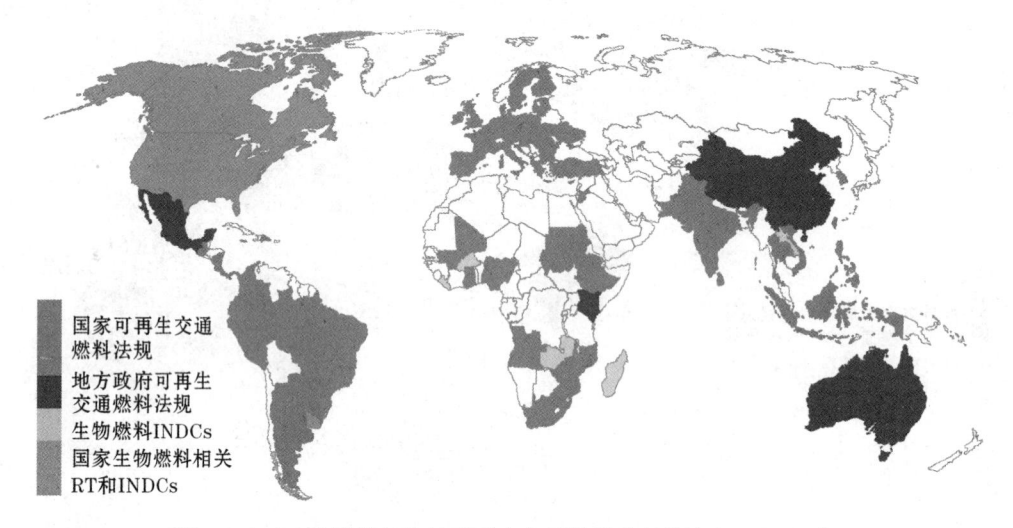

图 4 全球生物燃料相关的可再生交通燃料强制措施和 INDC 目标
来源：REN21 公司 2016 年《全球可再生能源现状报告：未来能源战略》

截至 2016 年，已经有 66 个国家制定了国家或州/省一级的生物燃料实施政策，表 1 展示了生物燃料的实施政策，表 2 展示了可再生交通能源目标，其中也包括 ZEV，如电动汽车。

全球范围内，虽然大多数政策的出台仍然重点关注第 1 代生物燃料，但已经有新的政策支持先进生物燃料的发展。先进生物燃料的商业化前景仍然不明朗，主要取决于行业和政策导向，如低碳燃料标准（LCFS）和

RFS。美国和欧洲出现一个有趣的现象,那就是一些以刺激生产效率为初衷的低碳燃料型政策,降低了部分第1代生物燃料生产装置的碳强度,使它比先进生物燃料更具竞争力。

表1 2016年各国家以及州/省生物燃料调和标准

国家名称	政策	国家名称	政策
安哥拉	E10	马拉维	E10
阿根廷	E10［E5］和B10［E5］和B10	马来西亚	E10和B10［B5］［B5］
澳大利亚	州:新南威尔士,E6和B2;昆士兰,2017年7月E3和B0.5,2018年7月E4和B0.5	莫桑比克	2012—2015年,E10;2016—2020年,E15;2021年,E20
比利时	E4和B4	挪威	B3.5
巴西	2017年,E27和B8;2018年,B9;2019年,B10	巴拿马	E7,2016年4月,E10［E5］
加拿大	国家:E5和B2。省:艾伯塔,E5和B2;不列颠哥伦比亚,E5和B4;马尼托巴,E8.5和B2;安大略,E5和B2,2016年B3,2017年B4;萨斯喀彻温,E7.5和B2	巴拉圭	E25和B1
中国[①]	九省E10,台湾B1	秘鲁	E7.8和B2
哥伦比亚	E8和B10	菲律宾	E10和B2,2015年B5
哥斯达黎加	E7和B20	南非	E2和B5,2015年强制执行
厄瓜多尔	E10和B5,2016年E5	苏丹	E5
埃塞俄比亚	E10	泰国	E5和B7［B5］
危地马拉	E5	土耳其	E2
印度	E22.5和B15［E10］	乌克兰	E5,2017年E7
印度尼西亚	E3和B20［B5］	韩国	B2.5,2018年B3［B2］
意大利	2018年先进生物燃料调和比例为0.6%,2022年为1%	乌拉圭	E5和B5
牙买加	E10	越南	E5

续表

国家名称	政策	国家名称	政策
美国	2016年RFS标准：$8.7×10^8$L纤维素乙醇，$72×10^8$L生物柴油，$137×10^8$L先进生物燃料，$686×10^8$L总可再生燃料；2017年RFS标准：$12×10^8$L纤维素乙醇，$78×10^8$L生物柴油，$162×10^8$L先进生物燃料，$730×10^8$L总可再生燃料；2018年RFS标准：$79×10^8$L生物柴油 *州：路易斯安那，E2和B2；马萨诸塞，B5；明尼苏达，E20和B10；夏威夷、蒙大拿和密苏里，E10；新墨西哥，B5；俄勒冈，E10和B5；宾夕法尼亚，$2×10^8$gal② 1年之后B2，$4×10^8$gal 1年之后B20；华盛顿，E2和B2，当油籽压榨和原料供应能力达到3%之后为B5*	津巴布韦	E5，之后升到E10和E15（具体日期未定）

来源：REN 21公司2016年《全球可再生能源现状报告：未来能源战略》。

注：加黑加粗字体数字代表2016年数据更新过；"[ ]"数据代表以前颁布的数据，现在已经更新；斜体数据代表州/省级标准；"E"是指生物乙醇，"B"是指生物柴油。智利虽有E5和B5目标，但没有强制调和要求。多米尼加共和国2015年制定B2和E15目标，但没有强制调和要求。斐济2011年提出B5和E10自愿调和要求。肯尼亚基苏木市为E10标准。

① 中国省级强制地包括安徽、黑龙江、河南、吉林和辽宁。
② 原始目标设置单位为gal，为保持一致性可转换为L。

表2 2015年各个国家和地区可再生交通能源份额和目标

国家	份额	目标	国家	份额	目标
欧盟（EU）28		欧盟范围内2020年交通终端能源需求量的10%	马耳他	4.7%	2020年10.7%
阿尔巴尼亚	0%	2020年10%	前南马其顿		2020年2%
奥地利	11%	2020年11.4%	摩尔多瓦		2020年20%
比利时	3.8%	2020年10% 瓦隆2020年10.14%	黑山		2020年10.2%
保加利亚	6.5%	2020年11%	荷兰	5.3%	2020年10%
克罗地亚	3.5%	2020年10%	**挪威**	8.9%	2020年20% [2020年10%]
塞浦路斯	2.5%	2020年4.9%	波兰	6.4%	2020年20%
捷克	6.5%	2020年10.8%	葡萄牙	7.4%	2020年10%
丹麦	6.7%	2020年10%	卡塔尔		2020年10%
爱沙尼亚	0.4%	2020年10%	罗马尼亚	5.5%	2020年10%
芬兰	22%	2030年生物燃料30%，可再生燃料40% [2020年20%]	塞尔维亚		2020年10%

续表

国家	份额	目标	国家	份额	目标
法国	8.5%	2020年15%	斯洛伐克	8.5%	2020年10%
德国	6.8%	2020年20%	斯洛文尼亚	2.2%	2020年10.5%
希腊	1.4%	2020年10.1%	西班牙	1.7%	2020年生物柴油11.3% 2020年213.3×10⁴t油当量乙醇/生物ETBE① 2020年电力运输达4.7GW·h/a（50.1×10⁴t油当量可再生能源）
匈牙利	6.2%	2020年10%	斯里兰卡		2020年生物燃料达20%
冰岛	5.7%	2020年10%	瑞典	24%	2030年车辆不使用化石燃料
爱尔兰	6.5%	2020年10%	泰国		2022年乙醇消费量达到9×10⁶L/d，生物柴油达到6×10⁶L/d，先进生物燃料达到25×10⁶L/d
意大利	6.4%	2020年10.1%	乌干达		2017年生物燃料消费量达到22×10⁸L/a
拉脱维亚	3.9%	2020年10%	乌克兰		2020年10%
利比里亚		2030年交通燃料中棕榈油调和比例为5%	英国	4.4%	2020年10.3%
立陶宛	4.6%	2020年10%	越南		2025年石油能源需求降到5%
卢森堡	6.5%	2020年10%			

来源：REN 21公司2016年《全球可再生能源现状报告：未来能源战略》。

注：表格中加黑加粗字体数字代表2016年数据更新过；"[ ]"数据代表以前颁布的数据，现在已经更新；斜体数据代表州/省级标准。

①ETBE是乙醇和异丁烯生物燃料。

随着许多强制措施和计划的实施，第1代生物燃料的消费量将继续增长。据联合国粮食及农业组织（FAO）和OECD预计，2025年以前乙醇和生物柴油的产量将持续增长。2025年全球乙醇产量预计将从2015年的1160×10⁸L（306×10⁸gal）增加11%，达到1288×10⁸L（339×10⁸gal），其中50%来自巴西。受美国、阿根廷、巴西和印度尼西亚的政策驱动，2025年全球生物柴油的产量预计将从2015年的310×10⁸L（82×10⁸gal）增加34%，达到415×10⁸L（110×10⁸gal）。到2025年主要国家乙醇和生物柴油规划如图5所示。

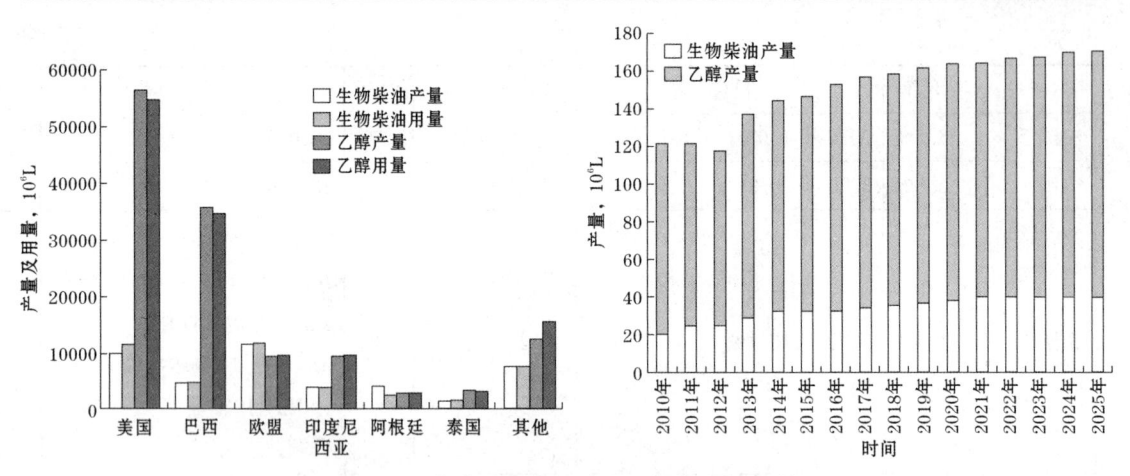

图5 2025年主要国家乙醇和生物柴油产量展望

2016年10月，国际可再生能源机构（IRENA）发布先进的生物燃料2015—2045年全球技术展望报告，总结了全球典型的先进生物燃料，包括公路运输燃料、航运燃料和航空燃料。该机构对生物燃料商业化各个阶段的技术和非技术壁垒、创新在克服这些壁垒方面的作用以及支持先进生物燃料发展的战略措施进行了回顾。图6比较了来自不同机构（BP、Exxon、EIA、IEA、IRENA）关于汽油/柴油需求环境对生物燃料的需求预测，预计在未来30年生物燃料的需求将大幅增加，尤其是印度和中国引领的亚洲。

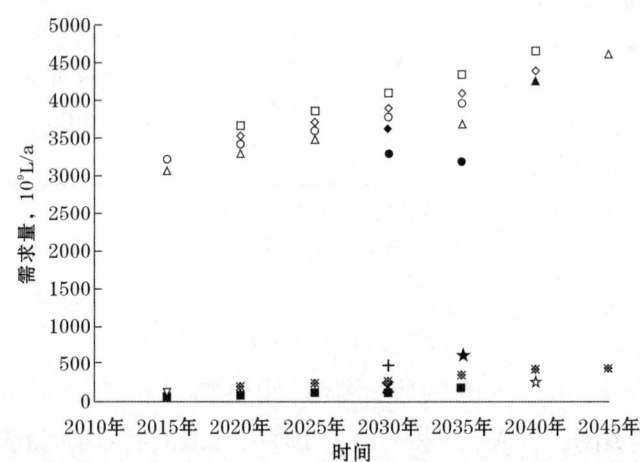

○WEO新政（2012年）；●WEO 450（2012年）；△BP能源展望（2013年）；
▲Exxon能源展望（2015年）；◇IEA ETP 4DS（2014年）；◆IRENA再预测（2016年）；
□EIA国际能源展望（2014年）；■BP能源展望（2013年）生物燃料；▽WEO新政（2012年）生物燃料；
☆Exxon能源展望（2015年）生物燃料；★WEO 450(2012年)生物燃料；+ IRENA再预测（2016年）；
×IRENA参考案例（2016年）；※IEA ETP 4DS（2014年）生物燃料

图6 主要机构关于汽油/柴油需求环境对生物燃料的需求预测
来源：IRENA，2016年10月

图7 不同先进生物燃料技术的商业化程度

来源：IRENA，2016年10月

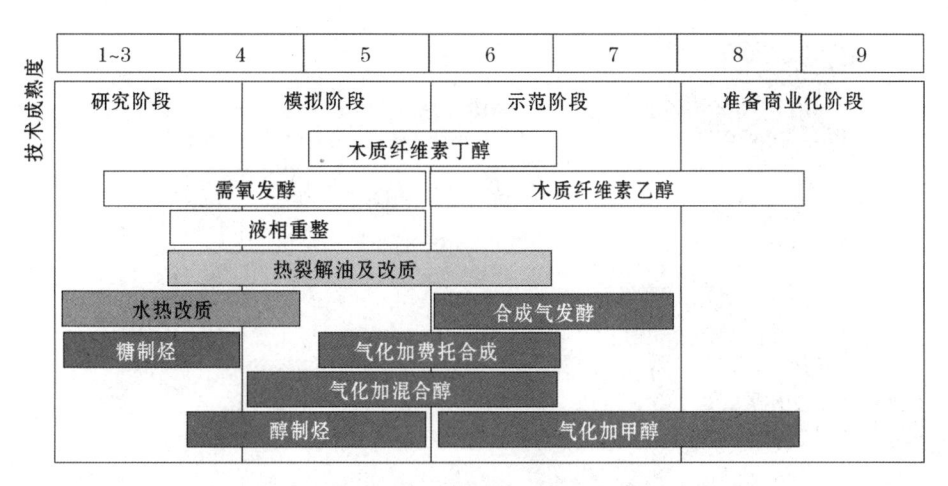

虽然预测的结果有一定的差异，但多数机构预测2015—2045年全球生物燃料需求稳步增加。2030年，估计需求量为（2570～5000）×10^{8}L [（679～1320）×10^{8}gal]。而2014年，全球液体生物燃料产量仅为1280×10^{8}L（338×10^{8}gal）（REN21，2015年），预测基于政策及生物燃料供应和成本的预估。如果阻碍先进生物燃料商业化的问题得到解决，那么其需求份额还将增大。但就现在来看，只有乙醇（通过原料发酵）和生物甲醇（通过气化）可实现商业化（图7），其他生产方法还处于早期发展阶段。

根据IRENA的分析，更有针对性的政策将有助于支持该行业的发展，碳价、油价（超过100美元/bbl）、立法以及建立一定规模实用高效的原料供应链等都是必要条件。在未来几年内前两个因素不太可能发生，但在原料方面可能会有所发展。

3 在全球范围内推动加强燃油经济性的法规

如图8所示，40多个国家已实施或计划在未来几年实施燃料经济标准，其中一些国家将执行这些标准，作为它们实现《巴黎气候协议》承诺的一部分。在减轻交通运输温室气体的措施中，燃油经济性标准是仅次于生物燃料的第二选择，更多的国家将在未来5年内首次执行该标准，主要集中在中东、亚洲、拉丁美洲和非洲。

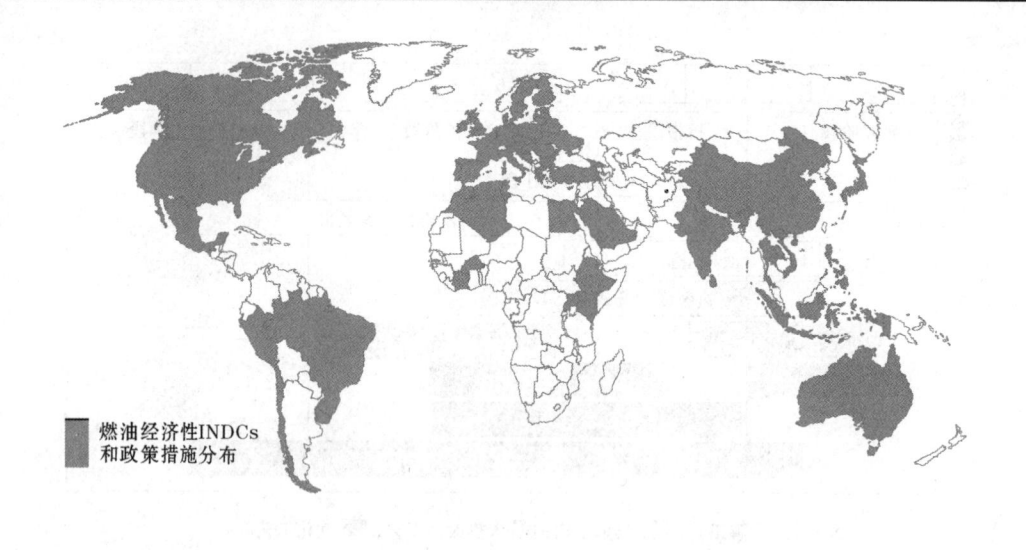

图 8　全球提高燃油经济性的 INDCs 和政策措施分布
来源：未来燃料战略数据来自《INDCs 为交通燃料措施和气候变化提供机会》，低碳交通燃料合伙组织

3.1　全球燃油经济性总体趋势

由国际清洁交通委员会（ICCT）以及其他非政府组织支持的国际燃料经济倡议组织（GFEI）和国际能源署（IEA）是大力推动全球燃油经济组织机构的典型代表。这些组织在 2017 年 1 月发布的一份分析报告表明，2005—2015 年，全球所有地区的平均轻型汽车（LDV）燃油经济性有所改善，但不同国家和地区之间存在明显的差异。报告涉及 20 多个国家和 4 个地区，占汽车市场的 80%。取得最大进展的国家是土耳其（以 2005 年为对比基准），其次是英国和日本，如图 9 所示。

根据 GFEI/IEA 的数据，OECD 国家年增速放缓，非 OECD 国家年增速在加快，但都低于那些需要实现 2030 年 GFEI 目标的国家，这些国家燃油（以 100km 计）需要在 2005 年 8.8L 汽油当量的基础上减半到 4.4L 汽油当量。表 3 列出了过去 10 年全球平均燃油经济性的改进情况，从 2005—2008 年的 1.8% 到 2012—2015 年的 1.2%，再到 2014—2015 年的 1.1%。

根据 IEA、GFEI 数据，两类对抗趋势明显：

（1）OECD 国家过去几年的年改进率明显下降，2012—2015 年平均年改进率下降到 1%，其中，2013—2014 年为 0.8%，2014—2015 年为 0.5%；

（2）同期，非 OECD 国家燃油经济性的改进速度加快，2012—2015 年平均年改进率达到 1.4%。

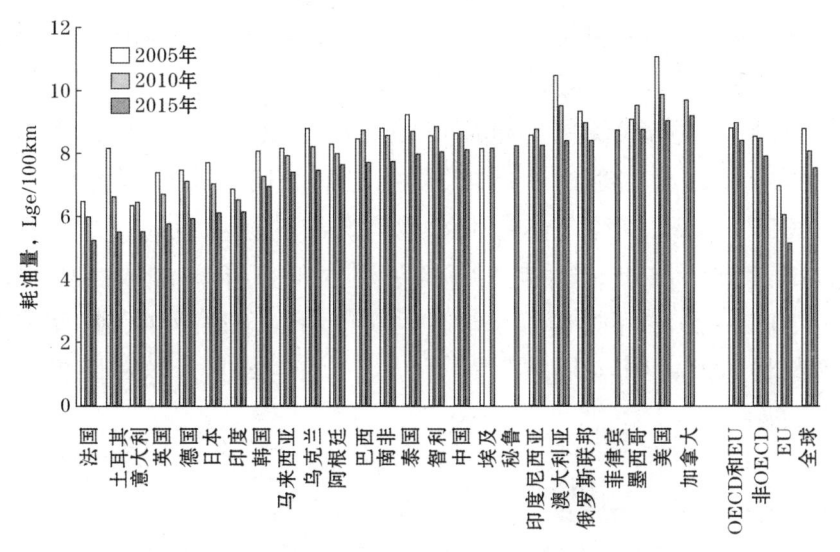

图 9　全球提高燃油经济性的 INDCs 和政策措施分布

Lge/100km—1L 汽油当量（以 100km 计）；OECD 和 EU—欧盟成员和特定 OECD 国家
（澳大利亚、加拿大、智利、日本、韩国、墨西哥、土耳其和美国）；非 OECD—特定非 OECD 国家
（阿根廷、巴西、中国、埃及、印度、印度尼西亚、马来西亚、秘鲁、菲律宾、俄罗斯、南非、泰国和乌克兰）；
WLTC—世界统一轻型汽车测试循环

来源：IHS 关于 IEA 阐述和加强的市场报告

表 3　2005—2015 年全球燃油经济性改进情况

年份		2005 年	2008 年	2010 年	2012 年	2014 年	2015 年	2030 年
OECD 和 EU 平均值	平均燃油经济性，Lge/100km	8.8	8.2	7.8	7.6	7.4	7.3	
	改进率（每年），%	−2.3	−2.8	−1.6	−1.3	−0.5		
		−1.8						
非 OECD 平均值	平均燃油经济性，Lge/100km	8.5	8.5	8.4	8.2	8.0	7.9	
	改进率（每年），%	−0.1	−0.3	−1.4	−1.2	−1.6		
		−0.8						
全球平均值	平均燃油经济性，Lge/100km	8.8	8.3	8.1	7.8	7.6	7.6	4.4
	改进率（每年），%	−1.8	−1.6	−1.6	−1.3	−1.1		
		−1.5						
GFEI 目标	要求改进率（每年），%	2005 年基准	−2.8					
		2015 年基准					−3.7	

来源：IEA、GFEI，2017 年 1 月。

IEA、GFEI表示，自2014年以来，非OECD国家比OECD国家燃油经济性提高得更快。OECD国家平均燃油经济性改进速度放缓的主要原因是2014—2015年日本发生趋势反转现象（远离燃油经济性改进），并且其在OECD经济体内燃油销售份额逐渐增加。美国LDV登记率的增长也很好地说明了这一趋势，2010—2015年OECD经济体每千米最高燃油消耗量最高。众所周知，在汽油价格持续低迷的情况下，美国人将购买更大的汽车并加大行驶里程。那么EPA制定的2022—2025年燃料经济标准目标能否实现以及Trump政府将采取什么样的政策都将画上一个巨大的问号。IEA、GFEI指出，这些因素也在一定程

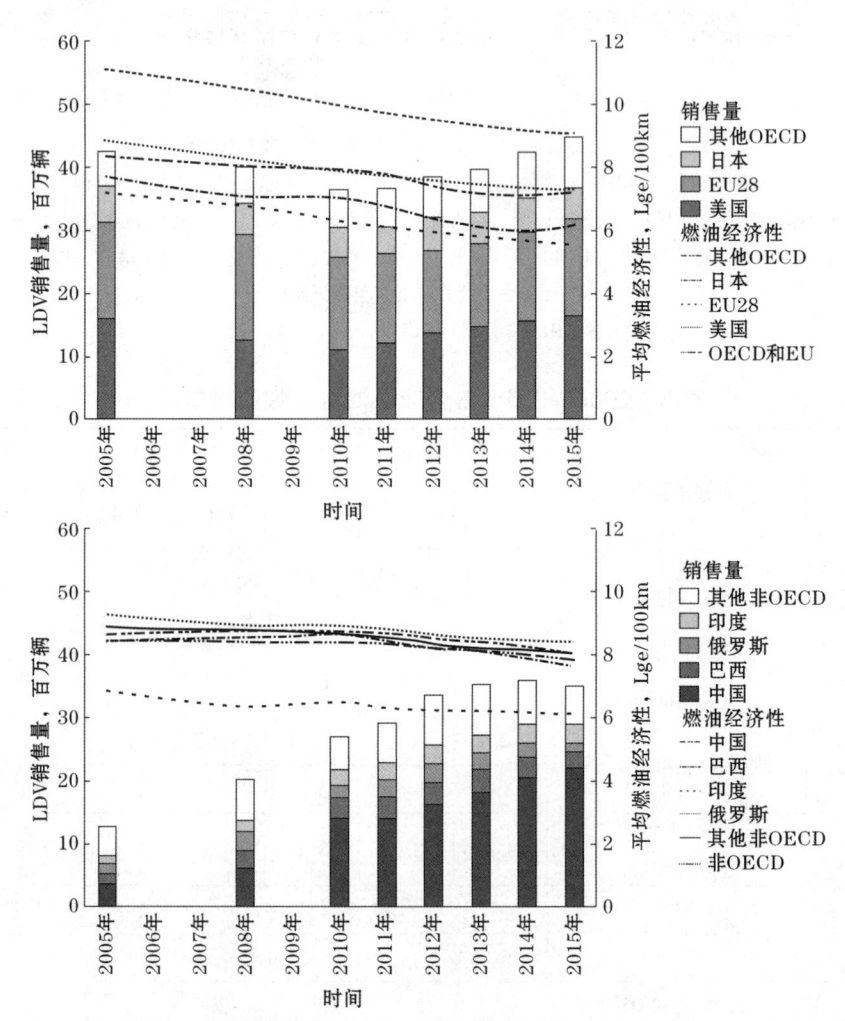

图10　2005—2015年LDV销售量与平均新LDV燃油经济性对比

其他OECD国家为澳大利亚、加拿大、智利、韩国、墨西哥、土耳其和美国；

其他非OECD国家为阿根廷、埃及、印度、印度尼西亚、马来西亚、秘鲁、南非、泰国和乌克兰

来源：IHS关于IEA阐述和加强的市场报告

度上影响了欧洲燃油经济性持续性改善的进程。非 OECD 国家燃油经济改进增速与重点发展中市场（如中国和巴西）在过去几年中颁布或收紧燃油经济政策保持一致性，尤其与中国 LDV 市场份额在非 OECD 国家中日益增长有很大关系。这些因素超过了那些平均燃油经济性改进停滞的主要非 OECD 国家（如俄罗斯和印度）。图 10 对比了 2005—2015 年 LDV 销售量与平均新 LDV 燃油经济性。

3.2 重型车标准不容忽视

GFEI 认为，随着全球货物运输需求的持续增长，与推动乘用车燃油经济性标准一样，提高重型车燃油效率是减少导致气候变化因素的重要措施之一。GFEI 完成了一份报告，主要调查新型 HDV（如货运拖拉机拖车和整体车架式货车）采用现有技术来提高燃油经济性的潜力。该研究以 2015 年欧盟、美国、巴西、印度和中国拖拉机拖车和代表性的整体车架式货车车队为基准，这两种卡车占公路货运用油和气候排放的绝大多数，基准燃料消耗取决于特定区域的占比和有效载荷。当代表最先进可应用技术已商业化或能证实在 2030 年可以实现商业化，那么该成套技术就算完成。为了能确定两个市场的改进潜力，成套技术应用到全球卡车市场的建模研究阶段定在 2020—2040 年。假设 3 种可能的碳排放和油耗减少方案，以量化随着时间推移可能取得的效果，图 11 展示了 HDV 燃油增效技术部署情况，预计 2035 年每天节约接近 9×10^6 bbl 石油能源。

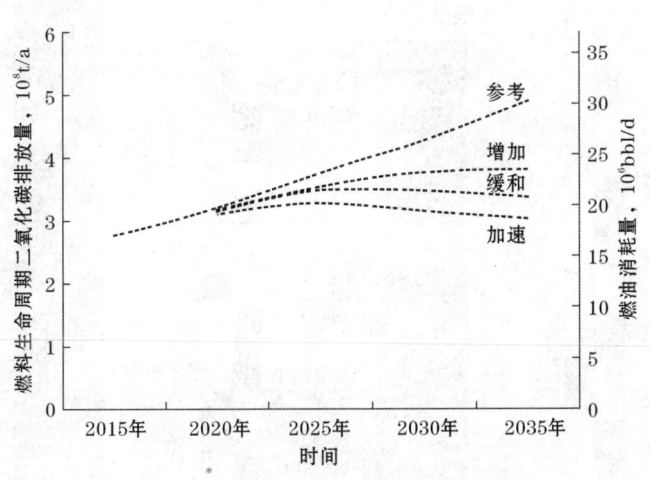

图 11 2015—2035 年燃油经济性措施下全球拖拉机拖车和整体车架式货车二氧化碳排放和燃油消耗情况

据 GFEI 统计，以上数据就相当于 2035 年减少近 20×10^8 t 二氧化碳排放量。由于货运量不断增长，中国和印度分别占这些潜在石油节约量和气候效益的 25%。紧随这两个市场其后的是美国、欧洲和巴西，它们拥有通过技术实现能源节约和减少碳排放的潜力。剩下的具有潜力地区包括亚太、中东、非洲和拉丁美洲以及较小的个别市场。

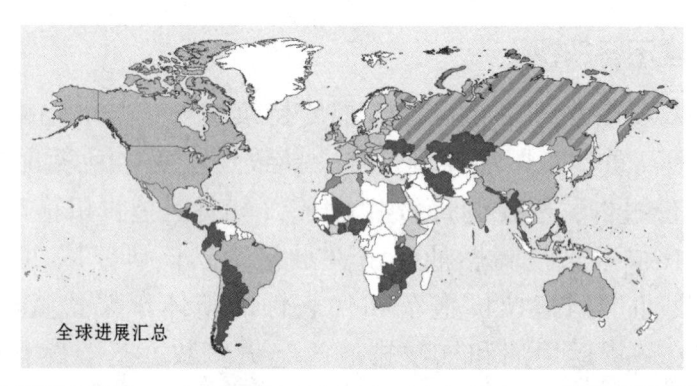

图 12　全球燃油经济性措施分类分布

数据来源：GFEI，2016 年 10 月

该研究的目的是明确的：GFEI 正在推动全球实现提高 HDV 燃油效率的目标。这个项目的目的是参考 GFEI 对乘用车的做法，迈出制定全球 HDV 燃油效率的第 1 步。GFEI 针对提高乘用车燃油效率的首要目标是 2050 年将平均燃油消耗量在 2005 年的基础上减半，其中一些潜在目标可供制定中型和重型货运 HDV 燃油效率目标参考。

GFEI、IEA 和 ICCT 推动全球 LDVS 和 HDVs 燃料经济标准将是一项持续性工作，图 12 显示了这些组织目前正在关注的重点区域（非洲是一个关键目标）以及开展的一些活动。

一些国家的主要举措是对运输车队进行分析，来制定可行的燃油经济性政策。

4　在全球范围内推动落实 ZEV 政策

世界各地的政策制定者基本认可最好的减少温室气体排放和空气污染的运输解决方案是零排放汽车，特别是电动汽车。他们已经开始制定鼓励性甚至是强制性政策，如图 13 所示，随着各国根据《巴黎气候协议》实施温室气体减排措施，这种情况可望继续下去。

更具体地说，美国加利福尼亚州已经实施了 ZEV 政策要求，康涅狄格、缅因、马里兰、马萨诸塞、新泽西、纽约、俄勒冈、罗得岛及佛蒙特 9 个州紧随其后。加利福尼亚州要求 2025 年 150 万辆 ZEV 上路，并实现几个里程碑目标。加拿大魁北克省和中国打算在未来几年实施类似的政策，其他国家采取的 ZEV 激励机制政策见表 4。

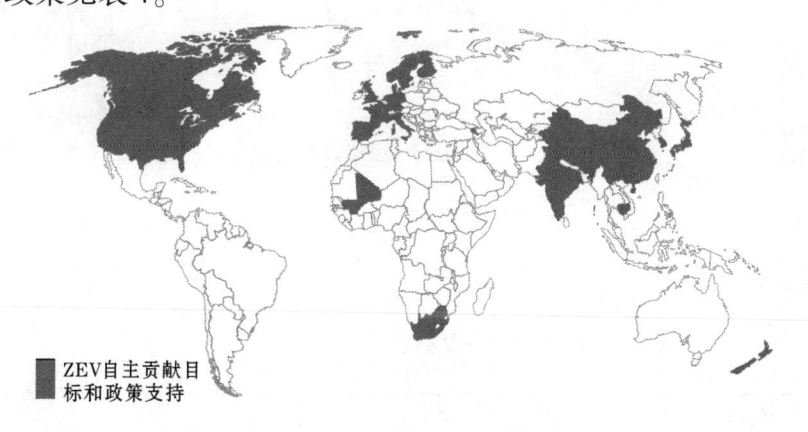

图 13　零排放汽车自主贡献目标和政策
来源：《INDCs 为全球交通和气候变化行动带来机遇：未来能源战略》，低碳交通合作组织

表4 2015年特定国家电动汽车激励政策汇总

国家	电动汽车购买激励政策			电动汽车使用和流通激励政策				准入限制豁免			尾气排放标准		2015年电动汽车市场份额,%
	登记/销售返利	免除消费税(如VAT)	VAT免除	税收抵免	流通税免除	费用豁免(如通行费、停车费和运输费等)	电力供应费减免	税收抵免(公司车辆)	使用公交车道	使用多座客车车道	使用交通限制区①	燃油经济性标准/法规	道路汽车尾气污染排放标准	
加拿大													TIER2	0.4
中国													CHINA5	1.0
丹麦													EURO6	2.2
法国													EURO6	1.2
德国													EURO6	0.7
印度													BHARAT3	0.1
意大利													EURO6	0.1
日本													JPN2009	0.6
荷兰													EURO6	9.7
挪威													EURO6	23.3
葡萄牙													EURO6	0.7
韩国													KOR3	0.2
西班牙													EURO6	0.2
瑞典													EURO6	2.4
英国													EURO6	1.0
美国													TIER2	0.7

图标：
- 无政策
- 目标政策②
- 全球政策③
- 州政策
- 一般燃料经济性标准，间接有利于电动汽车发展
- Euro6 2015年污染排放标准

①例如环保/低排放区。
②政策修订特定区域（例如特定国家、区域和自治区等，影响居民不足全国50%）。
③政策修订特定区域（例如特定国家、区域和自治区等，影响居民超过全国50%）。

美国几个州采用类似的激励政策，如佐治亚、华盛顿、夏威夷、俄勒冈、佛蒙特、科罗拉多、马里兰、康涅狄格、纽约和马萨诸塞。这些政策结合降低成本技术（包括电池）和扩大推广范围导致电动汽车销量不断增长，如图14所示。2015年销售量为50万辆，比2014年增加了67%。

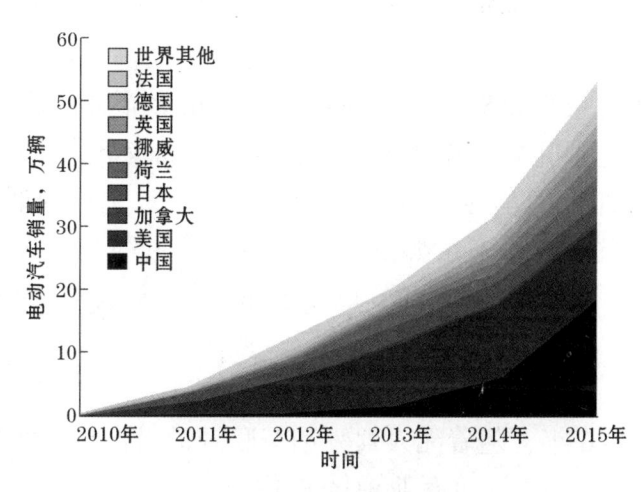

图14 2015年全球电动汽车销量
来源：ICCT，2016年

从图14可以看出，最近欧洲和亚洲电动汽车市场增长特别明显，2015年电动汽车的销量已经超越北美洲。在大量的监管政策和财政奖励下，2016年汽车市场的增长几乎完全被电动汽车占领。

虽然电动汽车销量只占全球汽车销量的一小部分，但过去5年的增长速度已经令人震惊，这一趋势还将继续。无论是零排放汽车联盟、清洁能源部长论坛、加利福尼亚空气资源委员会，还是离任的奥巴马政府，他们的目标都是明确的：尽可能尽快让电动汽车上路来结束ICEV时代。

未来交通：共享骑乘、自动驾驶、车联网和ZEVs

全球关于未来交通以及如何共享骑乘、自动驾驶、ZEVs可能萎缩以及替换交通工具媒体上讨论得很多。例如，最近一篇文章宣称："自动车辆将在不远的将来主宰道路交通；这些车辆将是电动的；每一辆自动车辆的使用率可能是今天标准汽车的5~20倍。因此，即使电动汽车销量只占全球汽车销量的一小部分，但"汽车—机器人"车辆对电动汽车运输占比也会产生不成比例的影响"。花旗似乎也有同样的看法，最近发布了一份关于未来10~15年未来交通的报告，涵盖了以上这些技术，并表示汽车数量的峰值不会到来。虽然几十年来汽车技术取得了巨大的进步，但众所周知，汽车在效率方面（包括运行成本/英里数及资源共享)、安全性、数据收集货币化、个性化和更新等方面还远远不够。这不仅使汽车成为一个未开发好的新财政收入来源,而且每一个低效率因素都增加了额外的成本,如保险、燃料、经济、社会、召回以及时间的浪费(如交通堵塞)。另外,能否满足利益相关者的要求也未可知,如自动电动汽车承诺更安全、更环保,而共享骑乘承诺疏通主要城市的交通阻塞。汽车数量达到峰值?在我们看来很难,因为汽车的利润很可能还处于早期潜力阶段。一两年前,许多新的移动交通主题仅仅是概念,而现在我们有很多企业宣布完全自动的汽车将在5年内上线!这意味着,投资方式也必须扩大和发展。汽车/技术投资不再仅仅是确定哪些元件进入车(尽管这仍然是一个非常重要的话题),而是谁以及其如何赢了无人驾驶竞赛?在哪里以及如何将自主经营模式展开?产业转移将如何影响各汽车制造商/供应商?以及车联网与大数据的变化将如何保持平衡?

花旗集团认为:

(1) 在未来4~6年,随着无人驾驶和车联网进入市场,按需移动交通时代将迎来一个转折点。这将驱动商业模式提供自主按需组合方式,首先就是在"自主范围"区(如Uber/Lyft式服务的按需无人驾驶汽车)并最终扩展。任何技术、数据和监管法规都可能成为确定领导者和落后者的关键因素。

(2) 与此同时或者晚一点,无人驾驶汽车将能够销售给消费者。无人驾驶汽车将启用新的共享所有权商业模式,比如定制服务、分时使用的方式等,最终实现更广泛的综合移动交通网络。

(3) 在未来10年的中期,电动车辆的成本可能达到与内燃机车辆持平的价格。随着电动汽车普及率的提高、安全性的提高(先进的自动驾驶辅助系统)以及无人驾驶商业模式的改变很可能会降低个人拥有汽车的成本。

(4) 车联网和大数据将使汽车生命周期加入新的财政和效率流,汽车将成为一切互联网的核心。

(5) 农村用车以及商业/公用车辆,如小货车、大型运动型多功能车(SUV)、大货车、豪华车将受益于电动化和自动驾驶,但不太可能从根本打乱现有的消费模式。个人交通只会在城市和周边地区发生很大变化。

(6) 汽车和高科技公司都将成为"未来移动工具提供者",但花旗集团认为,说到城市按需自主网络,有可能没有足够的空间让每个传统的汽车制造商都参与。

(7) 关于电动汽车,花旗集团发现,电池抛开成本,它们在性能、每英里的运营成本、低维护费用和零排放等方面都有固有的优势。虽然电动汽车不一定会在短期内"扰乱"内燃机市场,但未来10~15年,许多情况都会发生变化。

(8) 电池成本的下降、基础设施的增加以及消费者兴趣的增大,将使电动汽车在未来10年内呈发展良好态势。

(9) 根据预测,2025年纯电动汽车产量将达到300万~700万台,仍然占全球汽车生产量一个相当小的比例,但一个主要的转折点可能发生在那时。戴姆勒公司预测,电动汽车的成本预计2025年将与传统动力车不相上下,2030年成本将占有优势。福特公司最近的预测还显示,到2030年全球电动汽车普及率将达1/3(其中包括插电式电动汽车)。

2017年,《BP公司能源展望报告》对共享骑乘、自动驾驶和自动化对燃油需求的潜在影响进行了分析。具体讨论如下:

石油投资者将陷"死亡漩涡"?

根据最近的两项研究,"死亡漩涡"可能发生在2023年。其中一个报告来自惠誉评级公司,该报告指出,电动汽车尤其是电池技术发展的跃进可能会导致石油需求比预期下降得要快。惠誉公司认为,技术的飞跃发展可以改变电动汽车作为内燃机替代品的可行性。这将对石油行业造成信用负面影响,因为运输占石油消费量的55%。电力公司和汽车公司可能在赢家和输家之间两极分化,可再生能源公司将大幅提高其市场份额,因为电池有助于解决间歇性供应的问题。但惠誉公司也警告说:评估电动汽车增长会导致石油需求迅速下降的可能性是了解石油行业前景的关键。即使电池技术有了快速的发展,满足快速移动交通需求仍然有差距。由于基础设施投资需要时间以及目前新车辆可以有20年的寿命,过渡到电动汽车的时间会很长。按照我们的计算,如果年复合增长率为32.5%,电动汽车销量达到全球汽车销量的1/4需要近20年的时间。由新兴市场销量上升而带动全球市场销量整体上升从而导致对石油需求的影响很有限,但运输燃料需求的减少可能使石油市场从增长到萎缩早于预期。一个需求结构不断下降的市场、长期的低油价和投资的不确定性,正如当前油价下跌所显示的那样,对所有的石油公司来说都会有很大的风险。

据彭博新能源财经(BNEF)2016年预测,石油需求的引爆点要早于2023年。BNEF还指出,全球2×10^6bbl/d的过剩原油量引发了2014年石油价格的暴跌。如果电动汽车继续保持其最近的增长速度,那么其可能在2023年初取代大量的石油需求,如图15所示。电动汽车是否会导致石油崩溃或投资者的"死亡漩涡"还未可知,但毫无疑问的是欧洲国家、中国和美国将继续制定政策来鼓励电动汽车开拓市场。其他国家终将效仿。此外,电动汽车技术(如电池)将继续发展和突破，并与自主、连接的技术联系在一起改变驾驶以及汽车工业。同时，氢燃料电池电动车也将继续进一步规模化和商业化。

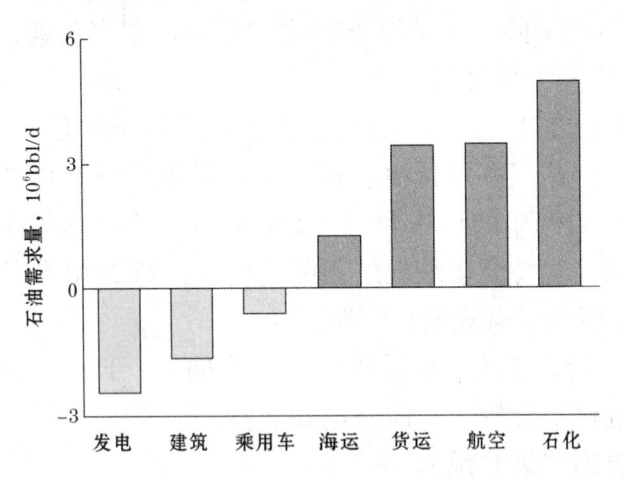

图 15　2015—2040 年各领域石油需求变化
来源：IEA，2016 年 11 月

5　LCFV 对石油和传统燃料需求的影响

IEA、埃克森美孚和 BP 公司在过去 2 个月发布了能源需求年度展望报告。一致认为，乘用车的燃油经济性标准将导致能源需求下降，而商业运输的需求将大幅增加。埃克森美孚公司对电动汽车的普及率预估较低，而英国石油公司则从电动汽车过渡的根本影响、自主技术和共享骑乘对需求的影响方面提供了一个更全面的分析报告。这些观点与本文早些提到的 LCFV 措施对行业的集中影响一致。

5.1　IEA 的年度前景展望

IEA 的世界能源展望报告显示，可再生能源和天然气将是 2040 年满足能源需求的大赢家，预计在此期间，能源需求将增加 30%。IEA 指出，有些国家并不能满足其在《巴黎气候协议》下承诺的目标（个别情况 2℃，大多数 1.5℃），化石燃料的时代还远未结束，路上货运油品缺乏替代品，航空、石化产品对石油的需求日益增长，如图 15 所示。这对清洁、炼化产品行业来说是一个主要机会，特别是当轿车的需求下降时。

IEA 把石油需求下降归咎于发电、建筑和客车领域可再生能源的增加（主要是太阳能和风能）。建筑领域以及全球混合生物燃料乘用车和电动汽车效率的提高情况如图 16 所示。最大效率案例来自美国和中国，后者在石油进口、电力和天然气车辆方面替代影响较大。

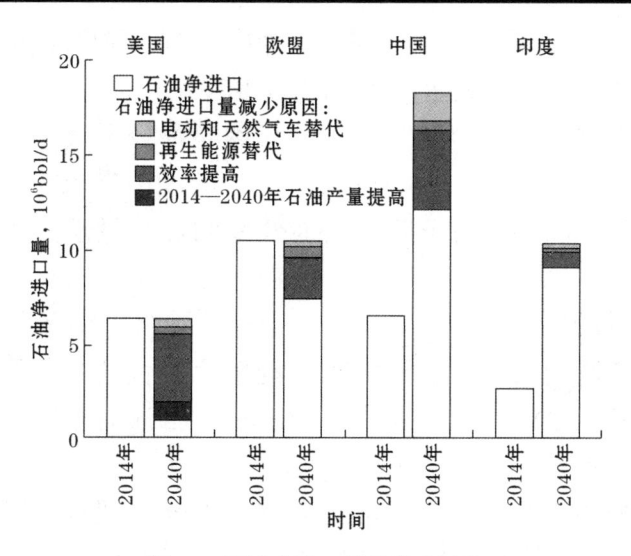

图16 石油净进口量的影响因素

图17 显示了1990—2015年和2015—2040年这两个时期主要能源总需求的变化，请注意由中国与非洲大陆主导的低碳能源需求增加情况。这两个时期的天然气需求也有所增加，而煤炭和石油需求则大幅下降。

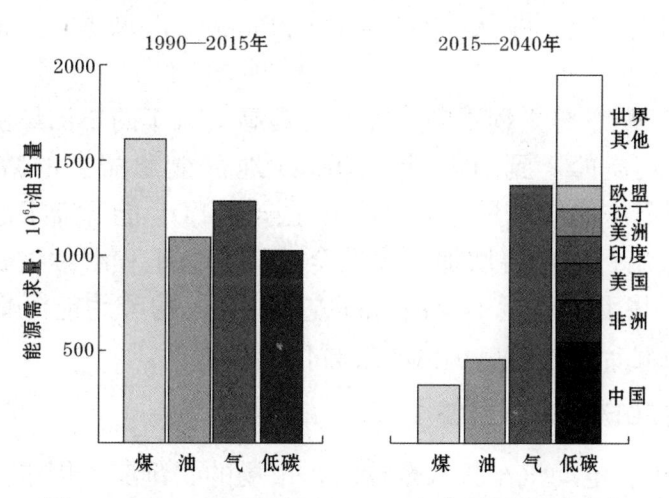

图17 1990—2015年和2015—2040年主要能源需求变化

5.2 埃克森美孚公司的年度前景展望

埃克森美孚公司称，在未来的25年里，有几十亿的人加入全球中产阶层，这将导致更多的旅行、更多的汽车上路以及更多商业活动的增加。全球运输相关能源需求预计将增加约25%，如图18所示。与此同时，汽车、SUV和轻型卡车每年行驶的总里程将增加约60%，2040年将达到 14×10^{12} km 左右。随着个人出行的增加，新汽车平均燃油经济性（包括 SUV 和轻型卡车）也将得到改善，2040 年将从目前 30mile/gal 上升到 50mile/gal。

个人出行需求继续增加，但更高效的车辆导致轻型汽车（LDV）能源需求达到峰值并最终下降，类似 IEA 的预测。LDV 的能源需求在 OECD 的大部分地区，包括北美洲和欧洲都有所下降，因为效率的提高量超过了车辆数量和行驶里程的增加。

不同于 IEA 的预测，埃克森美孚公司预计石油将能满足约 95% 的运输能源需求，归功于其广泛的实用性、经济和高能量密度优势。很明显，埃克森美孚公司并没有预测到如 BNEF 所提到的电动汽车对石油需求影响以及导致市场彻底崩溃的一个转折点。

埃克森美孚公司认为电动汽车市场会继续增长，但这种增长不会取代传统内燃机。该公司认为，在美国即使电池成本下降，基础设施建设力度继续加大，消费者采用的速度可能比许多人预期的速度慢，现在的消费者还是偏好大 ICEVs。预计未来汽油需求将趋于平稳，而柴油需求增长 30%，以满足货运和海上运输需求，类似于 IEA 的分析。根据埃克森美孚公司的数据，在 2040 年前，轻型车队的燃油经济性将继续改善，将远远超出目前的政策目标。全球新车的平均燃油经济性将从 2015 年的 30mile/gal 增加到 2040 年的接近 50mile/gal。

到 2040 年，尽管总里程不断增加，但提高新汽车的燃油经济性将使能源需求在 2020 年达到高峰。到 2040 年，OECD 地区能源需求的减少量将超过非 OECD 地区能源需求的增长量，从而降低了全球 LDV 能源需求。虽然能源需求达到峰值，个人出行需求将增加，导致全球汽车总里程继续增长，2040 年 SUV 和小货车总里程将上升至近 14×10^{12} km 左右。2/3 的节约能源将影响更多高效的 ICEVs，并与混合动力或电动汽车的替代进行平衡。

5.3 BP 公司的 2017 年前景展望

BP 公司指出，电动汽车打入全球汽车市场的关键驱动因素是燃料经济标准收紧的程度。事实上，一些组织的战略上面是推动最严格、最收紧的燃料经济标准，尽可能减少 ICEVs，并增加 ZEVs。BP 公司表示，电动汽车的普及也将取决于其他一些因素，包括：(1) 电池成本继续下降的步伐；(2) 政府补贴的规模和持续性以及其他支持电动汽车所有权的政策；(3) 传统汽车效率提高的速度；(4) 更重要的是消费者对电动汽车的偏好程度。

关于液体燃料需求预测，BP 公司认为汽车需求量将占到 20% 或 19×10^6 bbl/d。燃料效率的提高在一定程度上减少了潜在需求量的增长，类似埃克森美孚公司的评估。电动汽车会减缓石油需求增长，但影响较小，图 18 显示了这些因素。

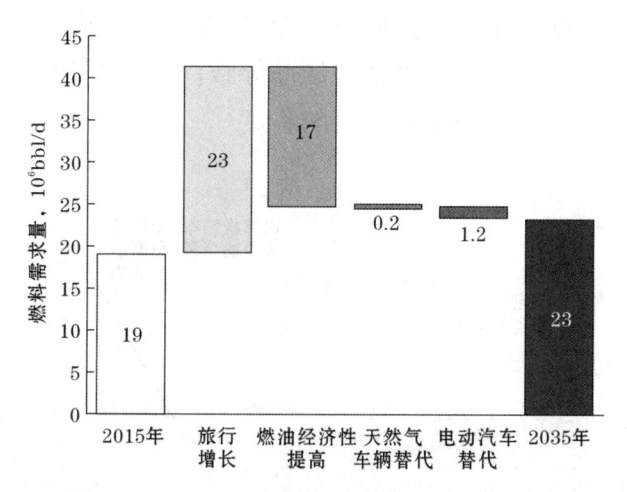

图 18　2015—2035 年汽车对液体燃料需求的变化

BP 公司表示报告中电动汽车的预测存在不确定性因素，其中之一就是如果移动交通变革（如自动驾驶汽车、共享骑乘和行驶里程）速度超过预期，那么它会对石油需求产生什么影响？最大的影响似乎是行驶里程。这些因素如图 19 所示，但 BP 公司还认为：

（1）电动汽车减少了内燃发动机（ICE）汽车量。100 万辆 BEVs 可以减少石油需求 1.4×10^6 bbl/d。

（2）AVs 增加了燃油效率，减少了能源需求。如果 AV 燃油效率增加 25%，那么 100 万辆自主 IEC 汽车可以减少石油需求量 40×10^4 bbl/d（自主电动汽车将是电力需求减少，而不是油）。

（3）共享汽车自身不影响能源需求，但增加车辆的使用强度。如果联合其他新技术，如电动汽车或 AV，它可以使应用该技术的车辆增加出行，并减少传统汽车的使用。

（4）行驶里程：通过提高车辆的使用效率来减少车辆里程数，里程数减少 10%，燃油需求量降低 2.5×10^6 bbl/d。

（5）移动交通变革还可以通过降低成本和扩大汽车使用范围来抵消汽车旅行的需求，甚至这种变革速度太快会导致石油需求崩溃。

BP 公司称，移动交通快速革命对石油需求的影响取决于它的形式。该公司通过两种情况探讨潜在的影响。

（1）数字革命：这个情景假设的技术支持 AVs，汽车共享和行驶里程比预期发展得要快,但电池成本降低和电动汽车市场占有率大致一致。更多的油基AVs汽车提高了车辆效率,从而减少了石油需求,这种影响通过AVs用于汽车共享进一步放大。行驶里程进一步降低石油需求。但这些技术进步降低了汽车旅行的成本,使更多的汽车进入道路,从而导致汽车旅行以及石油的需求增加。石油需求的净效应取决于这种需求抵消的程度。

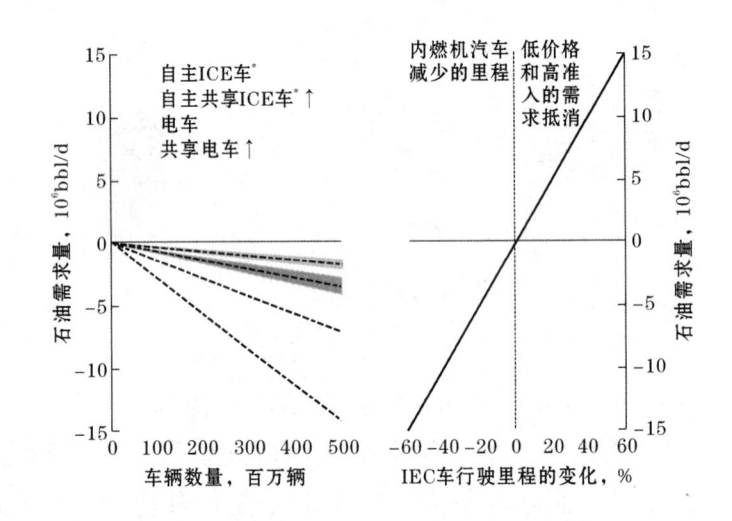

图 19 2035 年交通变革对石油需求的影响

* 程度取决于人类驾驶与自主车辆效率的相对值;↑假设共享汽车比普通汽车行驶里程多1倍

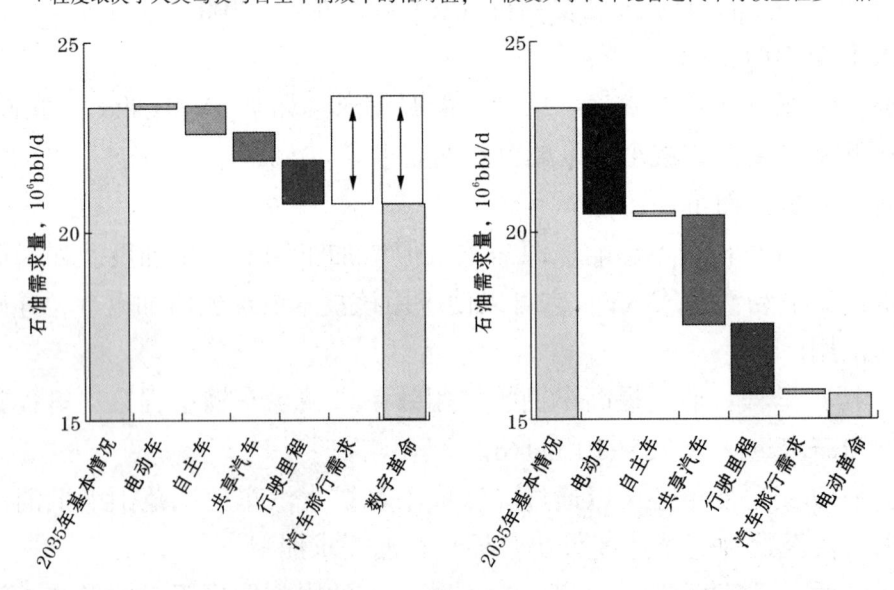

(a)数字革命:对 2035 年汽车石油需求的影响　　(b)电动革命:对 2035 年汽车石油需求的影响

图 20 两种假设情景对石油需求的影响

（2）电动革命：这个情景假设建立在数字革命的基础上，并且假设电动汽车的市场占有率快速增加，AVs、汽车共享和行驶里程都通过使用电动汽车来实现。在这种情况下，提高与 AVs 相关的效率对石油需求没有影响（因为它只影响电动汽车），但电动汽车的共享增加了它们使用的强度，从而影响了对石油的需求。由于这些技术进步降低了电动汽车出行的成本，因此额外的英里数会增加电力需求而不是石油。这两种情景如图 20 所示。

6 结 论

持续减少交通运输领域的空气污染和温室气体的排放量，作为一项艰巨挑战将继续推动世界各国采取 LCFV 相关政策，包括生物燃料项目、燃料经济性标准及 ZEV 计划和其他激励政策。汽车禁令和限制以及推行公共交通，也将是行之有效的举措。空气污染对公众健康危害的严重性可能比气候变化更大、更直接地推动各国出台上述各项举措。《巴黎气候协议》也将是一个驱动因素，但需要观察实际的执行情况，以及承诺与执行之间的差距是否真的在缩小。另一个重要因素是，如果特朗普总统决定美国退出《巴黎气候协议》，将对气候改善影响较大。无论如何，空气污染和空气质量是行业所必须关注的，虽然它已经受到关注气候变化的媒体的严重抨击。生物燃料与气候变化关系更密切，尽管生物类燃料有一些优势，但不是缓解空气污染的主要因素。生物燃料得益于强有力的气候变化政策，如限额和贸易、减少/取消化石燃料补贴和征收碳税。虽然一些地区/国家采取限额和贸易政策，一些国家采取减少/取消化石燃料补贴政策，但大多数国家，包括美国，都没有碳税政策，也没有引入的计划。对于先进生物燃料来说，这不是好消息，如果没有重大的技术突破，生物燃料将继续停滞不前。值得关注的是可再生柴油、可再生天然气和沼气。推动全球 LDVs 和 HDVs 燃料经济标准将继续进行，正如 BP 公司强调的那样，强有力措施才可能推动电动汽车市场的发展。电动汽车的出现是否会导致石油崩溃或投资者的"死亡漩涡"还不确定，但可以确定的是，欧洲国家、中国和美国都将继续制定政策开拓电动汽车的市场。其他国家最终也会跟随。此外，电动汽车技术（如电池）还将不断进步和完善，并与自动驾驶和车联网等技术集成在一起，改变驾驶方式，从而影响汽车和炼油工业。

附 录

附录1 英文目录

AM-17-02　　Can US Refiners Snatch the Global Bunker Crown

AM-17-16　　Eni Slurry Technology: Maximizing Value from the Bottom of the Barrel

AM-17-69　　Refining Canadian Bitumen and Intermediate Ebullated Bed Hydrocracking Products

AM-17-45　　Improvements in FCCU Operation through Controlled Catalyst Withdrawals at a Marathon Petroleum Refinery

AM-17-77　　Improving FCC Economics through Computational Particle Fluid Dynamics Simulation

AM-17-76　　FCC Product Fractionation for Maximum LCO Production

AM-17-80　　Methaforming: Novel Process for Producing High-Octane Gasoline from Naphtha and Methanol at Lower CAPEX and OPEX

AM-17-81　　Global Low Carbon Fuels & Vehicles Developments: What's in Store for the Industry

附录2 计量单位换算

体 积 换 算

1Us gal = 3.785L
1bbl = 0.159m^3 = 42Us gal
1in^3 = 16.3871cm^3
1UK gal = 4.546L
10×10^{8}ft^3 = 2831.7×10^{4}m^3
1×10^{12}ft^3 = 283.17×10^{8}m^3
1×10^{6}ft^3 = 2.8317×10^{4}m^3
1000ft^3 = 28.317m^3
1ft^3 = 0.0283m^3 = 28.317L
1m^3 = 1000L = 35.315ft^3 = 6.29bbl

长 度 换 算

1km = 0.621mile
1m = 3.281ft
1in = 2.54cm
1ft = 12in

质 量 换 算

1kg = 2.205lb
1lb = 0.454kg ［常衡］
1sh.ton = 0.907t = 2000lb
1t = 1000kg = 2205lb = 1.102sh.ton = 0.984long ton

密 度 换 算

1lb/ft^3 = 16.02kg/m^3
°API = 141.5/15.5℃时的相对密度 − 131.5
1lb/UK gal = 99.776kg/m^3

$1\text{lb/in}^3 = 27679.9\text{kg/m}^3$

$1\text{lb/US gal} = 119.826\text{kg/m}^3$

$1\text{lb/bbl} = 2.853\text{kg/m}^3$

$1\text{kg/m}^3 = 0.001\text{g/cm}^3 = 0.0624\text{lb/ft}^3$

温 度 换 算

$K = ℃ + 273.15$

$1℉ = \dfrac{9}{5}℃ + 32$

压 力 换 算

$1\text{bar} = 10^5\text{Pa}$

$1\text{kPa} = 0.145\text{psi} = 0.0102\text{kgf/cm}^2 = 0.0098\text{atm}$

$1\text{psi} = 6.895\text{kPa} = 0.0703\text{kg/cm}^2 = 0.0689\text{bar}$
$\quad\quad = 0.068\text{atm}$

$1\text{atm} = 101.325\text{kPa} = 14.696\text{psi} = 1.0333\text{bar}$

传热系数换算

$1\text{kcal/}(\text{m}^2 \cdot \text{h}) = 1.16279\text{W/m}^2$

$1\text{Btu/}(\text{ft}^2 \cdot \text{h} \cdot ℉) = 5.67826\text{W/}(\text{m}^2 \cdot \text{K})$

热 功 换 算

$1\text{cal} = 4.1868\text{J}$

$1\text{kcal} = 4186.75\text{J}$

$1\text{kgf} \cdot \text{m} = 9.80665\text{J}$

$1\text{Btu} = 1055.06\text{J}$

$1\text{kW} \cdot \text{h} = 3.6 \times 10^6\text{J}$

$1\text{ft} \cdot \text{lbf} = 1.35582\text{J}$

$1\text{J} = 0.10204\text{kg} \cdot \text{m} = 2.778 \times 10^{-7}\text{kW} \cdot \text{h} = 9.48 \times 10^{-4}\text{Btu}$

功 率 换 算

$1\text{Btu/h} = 0.293071\text{W}$

$1\text{kgf} \cdot \text{m/s} = 9.80665\text{W}$

$1\text{cal/s} = 4.1868\text{W}$

黏 度 换 算

$1\text{cSt} = 10^{-6}\text{m}^2/\text{s} = 1\text{mm}^2/\text{s}$

速 度 换 算

$1\text{ft/s} = 0.3048\text{m/s}$

油气产量换算

$1\text{bbl} = 0.14\text{t}$（原油，全球平均）
$1 \times 10^{12}\text{ft}^3/\text{d} = 283.2 \times 10^8\text{m}^3/\text{d} = 10.336 \times 10^{12}\text{m}^3/\text{a}$
$10 \times 10^8\text{ft}^3/\text{d} = 0.2832 \times 10^8\text{m}^3/\text{d} = 103.36 \times 10^8\text{m}^3/\text{a}$
$1 \times 10^6\text{ft}^3/\text{d} = 2.832 \times 10^4\text{m}^3/\text{d} = 1033.55 \times 10^4\text{m}^3/\text{a}$
$1000\text{ft}^3/\text{d} = 28.32\text{m}^3/\text{d} = 1.0336 \times 10^4\text{m}^3/\text{a}$
$1\text{bbl/d} = 50\text{t/a}$（原油，全球平均）
$1\text{t} = 7.3\text{bbl}$（原油，全球平均）

气油比换算

$1\text{ft}^3/\text{bbl} = 0.2067\text{m}^3/\text{t}$

热 值 换 算

1bbl 原油 $= 5.8 \times 10^6\text{Btu}$
1t 煤 $= 2.406 \times 10^7\text{Btu}$
1m^3 湿气 $= 3.909 \times 10^4\text{Btu}$
$1\text{kW} \cdot \text{h}$ 水电 $= 1.0235 \times 10^4\text{Btu}$
1m^3 干气 $= 3.577 \times 10^4\text{Btu}$

（以上为1990年美国平均热值，资料来源：美国国家标准局）

热当量换算

1bbl 原油 $= 5800\text{ft}^3$ 天然气（按平均热值计算）
1m^3 天然气 $= 1.3300\text{kg}$ 标准煤
1kg 原油 $= 1.4286\text{kg}$ 标准煤

炼厂和炼油装置能力换算

序号	装置名称	桶/日历日 (bbl/cd) 折合成吨/年 (t/a)	桶/开工日 (bbl/sd) 折合成吨/年 (t/a)
1	炼厂常压蒸馏、重柴油催化裂化、热裂化、重柴油加氢	50	47
2	减压蒸馏	53	49
3	润滑油加工	53	48
4	焦化、减黏、脱沥青、减压渣油加氢	55	50
5	催化重整、叠合、烷基化、醚化、芳烃生产、汽油加氢精制	43	41
6	常压重油催化裂化或加氢	54	49
7	氧化沥青	60	54
8	煤、柴油加氢	47	45
9	C_4 异构化	—	33
10	C_5 异构化	—	37
11	C_5—C_6 异构化	—	38

注：(1) 对未说明原料的加氢精制或加氢处理，均按煤、柴油加氢系数换算。
(2) 对未说明原料的热加工，则按55（日历日）和48（开工日）换算。
(3) 叠合、烷基化、醚化装置以产品为基准折算，其余装置以进料为基准折算。